天下文化

BELIEVE IN READING

往日食光

鄭如晴——著

目次

輯二——密碼食光

時間是一把剪子，剪出記憶中的一抹熟悉氣味，剪出一段熟悉的生活密碼。而這正在煮食的整條街一片迷濛，彷彿不在人間。

輯三——雋永食光

當有能力回頭看自己時，才發現那些回憶中的溫暖和熱呼呼的麻荓，它們都不曾逝去，始終如向晚的夕陽一直在那兒。

輯四——味蕾暗號

用文字表達氣味的抽象概念，闡述嗅覺引發的是追求愛與被愛，是種感官的想像。炸排骨的嗅覺記憶，是我學習情感覺察的開始。

輯五——美食符碼

所有的美好回憶，都像藏在水晶凍的小珍珠，細細被包裹；也像我們掌心上的紋路，刻劃了那些不能忘懷的歲月。

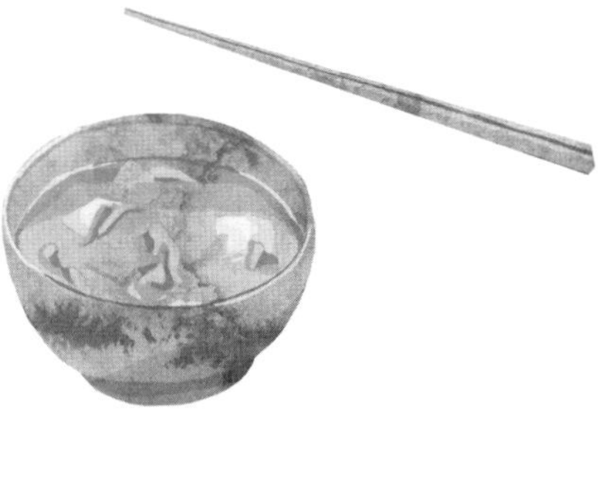

推薦序

舊城小序

劉克襄（作家）

許是孩提時期，都在老台中養成，年歲又相近，每回讀如晴的散文，總是親切又溫暖。

過往崇仰的作家，文筆再如何深情致遠，又或璀璨光華，都難以提供這樣來自家鄉的情愫，彷彿可以把昔時瑣事統統召喚回來，具體收納，且刪除其他。

再說我城故人多，平時不乏圍聚、談笑風生的朋友，但能夠炊文煮字，把尋常之日娓娓細說，細數晚近的拾零和鉤沉，看來也非她的散文莫屬了。

尤其本書專注於飲膳場景的鋪陳，好多篇流露中部氣息的，裡面所述及之生活點滴，彷彿都在自家巷口剛剛發生。這樣淡然又熟稔的共鳴，自是遠高於他人的城市書寫。

寫小吃美食者，走文不免也有著意之興，但是她輕筆畫眉，總恰到好處，一個事端的源起，常信手拈來。我們讀的是飲食，嚐到的盡是人生滋味。清晰簡明的表白，徐緩貼近，彼時我城的樣子便如是款步而來。

隨意翻讀，每一篇章的閒話家常，都有或暗或明的溫馨風景。每一段落的起承，我也習慣停頓，彷彿走在老城的街口，等待某一記憶的光影。喧囂中，靜寂的閃爍。

我跟如晴從未見過面，最初只是邂逅她的一篇文章。好像不小心在我城的某一街角，轉個彎，遇見那擺著昔時生活物件的小鋪，只因簡單的喜歡，日後便常執意路過。原本就依戀的城市，如今又有了歇腳之地。

六歲從台南回高雄，八歲再度遷徙至台中，到十二歲這段期間都居住在中華路熱鬧夜市，某一個二樓的幽靜空間。次而就讀曉明女中，泰半時日住校，隔週末和寒暑假到鹿港親戚家。抑或是，搬遷到台中師專附近的五廊街。因為長年錯綜的離散，因為謹小慎微的生活，飲食成為重要的慰藉。

還有隱隱約約透露父親因政治關係遠離台灣，小學時候有五年的時間父女未再見面。其父曾經營安由戲院，有一段日日觀眾滿座的輝煌年代，現在著名的觀光景點宮原眼科前身和德紙業也曾是如晴女兒的祖宅。

這些街區和商家我何止經過，某些片段生活歲月，都跟她意外交集。我的老城，她的家園，如何言說。不若一筆在手，跟鄉親娓娓敘舊。只見她擅長把生活的酸甜苦辣，不著痕跡的微妙比喻，甚而透過各種餖飣小事，連接著人生的些許美麗。

從她的成長和片段的家族生活，我試著拼湊一張生活地圖，和自己的疊合，積累出更多人生圖影。

現實不在的街坊，依著她的回憶，我繼續在紙本裡，安心散步、駐足。此時便生怕有一天，她不再執筆，像無人傳承的店家，從此歇業了。而我在老城，又不得不縮回自己興築的斗室。

一個人的青春再多，泰半也只屬於一座城市。後來則以一輩子，積累出成長於那裡的高度。

昔時遙遠的生活缺憾和歡喜，不時在召喚我們。我耽溺於高中以前，這井然的方格子街市，如晴也早早就照見了。

我們的老靈魂，一直住在那兒。最闃靜的某一巷弄裡，有一固定伏案的窗口，拉簾點燈，照亮一條街衢的深遠。縱使去了許多國家，我們從未離開。

五福臨門

各界推薦（依姓氏筆畫排序）

我曾多次拿磁鐵，在童年的海邊，以沙灘為軌道，來回滑行後，磁鐵依附大小碎片，它盛開如花束也如刺蝟。

人世間，更多是悲欣交集。

鄭如晴的時光列車，一站又一站，味蕾為人情核心，有甘有苦，回眸中竟有著達摩面壁的靜謐，才能允許冬冽以及春陽，仔細臨摹每一種凝視。

磁鐵依附的碎片，無法陪我回家，如晴黏著的故事，是已經打過洞的票根，同時也是前往下一個行旅的購票證明。

耽讀《往日食光》中如晴的滋味與窗景，知曉過去如同未來，都是一則則啟示，等著掀開。

——吳鈞堯（作家）

食物成為記憶的密碼，身世與鄉愁在時間的長廊裡變身，咀嚼不只是為了安慰，溫柔的味蕾從來都不做審判。

當飲食書寫成為新世紀顯學，鄭如晴在《往日食光》娓娓道來每一道食物的故事，從容優雅，不炫耀、不急躁，吃完令人回味無窮。有些似茶回甘，有些似酒帶著後勁，許多人生況味，更是過來人才可能辨別，同理心使味道更美，人情味讓世界變得更繽紛。

鄭如晴以生命試菜，以生活回味，告訴自己也告訴世間諸有情，人生這道菜，從來都該細細品味，用心品嚐。

——邱祖胤（作家）

以溫婉細膩之筆，從飲食勾勒深刻的人情，既是舌尖上永恆不散的滋味，更是台灣上個世紀一頁頁的庶民生活史，字裡行間埋藏了許多美食的符碼和暗號，悠然召喚出你我共同的回憶。

鄭如晴的散文一向優雅清新，一如她的為人處事風格，而這本《往日食光》更是她創作生涯的巔峰之作，雋永有味，情意真切，值得所有熱愛文學也熱愛生活的人細細品嚐。

——郝譽翔（國立台北教育大學語文與創作學系教授）

在食物裡寫出歲月的摺痕，在摺痕中道盡生活的曲折。三十道食物照見三十個生活故事，仿若一幅幅時代風景畫，描繪逝去的時光。

——楊　渡（詩人、作家）

《往日食光》的字裡行間散發著如晴姊的童年歡笑、她的青春感嘆、她的悲歡離合。

回憶像魔術師，將這一道道料理添加苦酸甜鹹辣，穿越鼻腔變成有滋有味的記憶，讓讀者讀著、讀著，像一切的初戀、初識、初體驗，唯有驚喜，念念不忘。

——盧美杏（《中國時報》人間副刊主編）

自序
摘錄味道，開啟想念的食光旅程

最初的舌尖記憶，始於被保母抱在懷中，她遞給我一球內含蔗糖的飯糰，也許當時的我鬧得厲害吧！飯糰裡的細顆粒蔗糖，咀嚼時嘴裡的甜糯和蹦脆聲至今難忘。日後，對那白飯加糖滋味的初始記憶，竟有份類似鄉愁的念想。

其實，我並非什麼美食家，只是味覺記憶稍強，概括到視覺、嗅覺、聽覺與觸覺所組成的多通道記憶。每每讓我日後再吃到或聞到同一種食物時，腦海浮現的是曾經與這食物有關的畫面與時光。剎那，我又回到那個特殊記憶的時空，恍若今昔交錯、時光摺疊，那些曾經的人事物並未逝去，它們都還在。

都說想念是擁有的另一種形式，我的想念都收在這書頁中。想念這個島上地圖找不到的南部某個廟口，也想念遠在九千多公里外的歐洲某個城市。

書裡藏了各地的吃食、人情和故事。用兩年的時間，拾穗般從南台灣的高雄永清浴室、台南廟口、台中中華路，甚而遠至德國慕尼黑，撿拾一段段我在時間隙縫中遺落的美食光陰。

那兒有我的懵懂童年、青澀少年和做夢青年。

這些現在還有很多人居住的城，是我生活回憶裡的城。走在記憶的邊境，我呼吸在裡面，經過一城又一城。一個城市在書中永遠不會老，然而作者已然悄悄老去。

常想，什麼是作家？渴望與他人分享對世界的看法？需要藉著文字表達自我的內心？或選擇寫下一則則故事，來釐清自身個體命運的差異與困惑？怎樣的載體內容可以呼應生活本身、呼應生命需求，簡單如呼吸、簡單如飲食？我一直在追尋答案。

誰人的成長沒有陰影？當我分享食物留在腦海的美味時，那些長久壓抑心中底層，與深埋酸甜苦辣於舌根的滋味，也跟著一起浮現湧起。敘述過程無關是非，只想誠實坦露食物與故事交錯的心靈，並試圖以文學的微光照亮曾經的暗影。

本書有三十種食物，隱藏在故事中。無論是料理或小吃，它們在我書頁中出現，必有當時的香澤，也必有當時的使命，叫我日後一一召喚如幽靈，吐露彼時的迷惘與隱晦。

〈一個陌生女人的十全〉記錄了爐火上咕嚕冒著煙氣的十全，當歸、川芎和熟地的特殊氣味沁潤著木櫃、桌椅及牆上的鐘。恍惚間，一陣古樸典雅的氣味鎖住了當下的琥珀時光，也鎖住了父親心中永遠的愛情。

〈邂逅沙茶牛肉〉主角雖是沙茶牛肉，然已年過七十歲的大姊談起沙茶牛肉、憶起思念的人，兩眼發光，好似電影「鐵達尼號」裡的老蘿絲，深陷在埋藏於海底數十年的熱烈戀情。思念是一長串流淌的文字，時而若即若離，時而無法言說。有時更是一個洞，包藏內心所有聲音。

〈一碗浮生麻芛〉就像在咀嚼生活的滋味，麻芛攤在市場內，生意很好，攤位坐滿了人，有談笑的，有皺眉的，有說心事的……，不一定真的喜歡麻芛，也許為了暫時放下生活，讓一碗麻芛的滋味估量生的短長。

人生存在多種形式，在生活面前，喝上一碗麻芛也是其中一種。且讓記憶和夢境交織，輕輕彈起共鳴，再粼粼水波般輕輕滑開！

〈水晶公寓〉裡，還留著記憶中慕名來吃「水晶」的熱血青年，豬皮如何變成水晶？透露每樣東西都有其存在的理由和價值，否則就不會在肉攤上。到底豬皮能否變成桌上如水晶般的佳餚？是手藝問題，也可能是哲學問題。

前陣子，德國老朋友愛博透過 LINE，說他很懷念當年的水晶公寓。其實，水晶公寓早在幾年前就都更變成大樓。所有美好回憶，都像藏在水晶凍的小珍珠，細細被包裹；也像我們掌心上的紋路，刻劃了那些不能忘懷的歲月。

〈夢覺之味〉的那鍋滷肉一直還在微火慢煨，從早到晚，始終肉香瀰漫，猶如廚房的靈魂。外婆過世後，我輾轉經歷了不同的環境，才知道不是每家廚房都有滷肉，尤其在物資匱乏的年代。我更懷念，那日復一日的滷肉味道；那深入嗅覺皮質，一層層堆疊，如時光沉澱的味道。

〈消失的客廳〉桌上，仍擺著大盤滷味，有豬腳、雞腿、雞翅、滷蛋、香菇、木耳，還有螞蟻上樹、金針排骨湯……。總之，從台北帶來的乾糧存貨，能變的全成了桌上美食。

福樓會議室，滿漢全席般，派頭十足的傲睨慕尼黑。多年過去，當年的留學生都已回台，福樓已被拆除，曾經的訪問學者、師長陸續凋零。滿漢全席雖在，但那個時代已殞落。

摘錄味道，是想念的源頭；記錄食物，是時光的旅程。透過文字試圖延伸人生的長度，回味不為人知的片段和溫暖，那些你我類似的成長經歷。或循著味道的迴路，摺疊時光，到達那個無法挽回的時間彼岸。三十味料理、三十個故事，試圖以食物為經、時間為緯，不知能否交織出台灣近代社會生活的樣貌？

本書集結自《中國時報》人間副刊「記食青春」專欄，最要感謝的是主編盧美杏，若非她大力支持，我不會回顧這段影影綽綽的「食」光之旅，而且一寫就是兩年。也要感謝天下文化資深總監楊郁慧和副主編許景理的用心編排。

文學意象是虛幻的，但人事物是真實的。藉由食物，我們一起悲喜和感知。原來桌上的那些菜餚，它們不曾消失，一直都在那兒。

輯一

豐盛食光

世界上的食物與食材不勝枚舉，參與了我們不同的人生形式，甚至組成不同的生活氛圍，撫慰我們偶爾孤寂的心靈，提供了色香味的文學意象。

芫香魯麵的人生滋味

飲食是常人要事，再偉大的思想家、文學家，論述前還是得先吃飽，才有力氣捻斷數莖鬚，苦思作文。也就是說由最基本的生理滿足，到思想的開創與藝術品味的提升，都得回到人間煙火，飲食為度。

日前翻閱古書《浮生六記》，談到一般人對品味領悟之高下，小至觀魚鬥蟲，大至四海雲遊，皆關乎各人的天賦。

有一段關於主人翁芸娘在飲食上的品味，「雖生活困頓，亦能以少許花費，約三五同好，曲盡文酒流連之樂。」其中最美的，當屬在南園席地而坐，對花烹煮小酌的描述，不輸今日風雅的櫻花樹下對飲，盡興會淋漓之美事。

像這類與飲食有關的文學作品，古今中外不勝枚舉，例如法國作家普魯斯特，回想起童年的一杯熱茶和一塊瑪德蓮蛋糕組成難以忘懷的無窮美味，讓他每想起，就彷佛墜入甜津津的孩童時代，瞬間「昔就是今，今就是昔，今昔結合，形成真正的時間」。

這個蘊含有瑪德蓮蛋糕和熱茶的時間，是非常個人的普魯斯特生命時間，卻散發著濃濃的凡間氣息。

這些飲食記述，讓我們在芸芸眾生的共相中，經由對食物的細探，看見了世間各自生命的殊相與故事。

生物學研究發現，人體有百分之八十的味覺經驗皆來自嗅覺，人體鼻黏膜處有非常多的感覺細胞，能接受一萬種不同的味道，若再結合與食物氣味綑綁的特殊人事物，就留下了某種食物與情感相對應的深刻印記。

人的味覺有酸、甜、苦、鹹，用來形容人生的滋味也相當符合。慶幸的是，大腦會自動幫我們過濾酸苦，留下美好的香甜，讓我們對難忘的食物，永遠保有懷念中的特別滋味。

有記憶以來對食物最初且難以磨滅的印象，當屬一碗熱呼呼的魯麵，伴隨芫荽的香味。

那是一個乍暖還寒的春天，太陽撥出一丁點雲層探出頭來，三合院中忙來忙去的大人頻頻讚嘆：「那個活仙仔果然很會看日子！」

這一天是大表姨的出嫁日，她坐在通鋪床沿，任二表姨將新竹碰粉在她臉上糊來抹去，只見一張白臉映著紅唇，有點像日本藝妓。

廂房外榕樹下搭建的鐵皮屋廚房磚灶上，正咕嚕咕嚕冒著煙氣，院子裡搭了一架紅白相間的塑膠布棚子，一群女眷忙著招呼前來迎親的男方親友在棚下休息。「再坐一下，魯麵就好了！」領著男方來迎親的媒人婆喜孜孜朝眾人說。

大表姨要嫁到醬菜世家第三代，坐在通鋪上的她一臉不屑：「相親那天我就聞到那人一身醬菜味，阿母！我一定要嫁他嗎？」

舅婆慍怒：「這是什麼時陣了，閣講這種話？嫁過去做頭家娘有什麼不好？」大表姨低下頭，兩手搓捻著婚紗裙。舅婆轉而安慰女兒：「我保證嫁去不久，汝就聞不出醬菜味啦！」

二表姨接著說：「麥閣假啦！相親那天你一直朝他看！」

舅婆端著海碗進來，那個香味把我從牆角不由自主的給吸出來，我好奇的踮起腳尖，想看碗裡的東西。

「我不吃，給她！」大表姨賭氣的指著我說。

「你不偷吃點，新娘子是整天沒得吃的！」這天，舅婆難得穿了件藏青底挑碎花紅的旗袍，頭上別著同色小簪花，看起來甚是喜氣。

「不吃也罷！阮做新娘時，也是餓一天！」

屋外塑膠布棚下，這時一陣騷動，「來喔！來吃魯麵！咱正港的台南魯麵！」哇！我眼前這碗應該就是魯麵了。

昏暗燈光下，只見魯麵上撒綴著幾朵小小的青綠芫荽，在熱氣蒸騰中散發陣陣誘人香氣，摻雜著香菇、金針、肉絲的三鮮味，包裹著嗅覺，包裹著整個屋子，混著新竹碰粉的淡淡幽香。

第二年二表姨出嫁，同樣的場景再次出現，這次換二表姨坐在通鋪上落淚，大表姨挺了個大肚子，滿臉揶揄的說：「怎麼？是嫌棄人家，還是捨不得離家？」

二表姨神情複雜：「我終於明白去年你出嫁的心情！」

大表姨笑著說：「現在大家都叫我醬菜嫂，以後人家應該會叫你豆油嫂！」

原來二表姨的媒人就是大表姨，她介紹了自家配合的醬油商給二表姨。大表姨說，無論醬菜或醬油，往後日子再難熬，總還有這兩樣可下飯。

魯麵的香味又在三合院再度飄散，這次我看清楚了魯麵裡的五顏六色，有胡蘿蔔、白蘿蔔、白菜、香菇和木耳等，切成細絲，上面漂浮著黃澄澄打結的金針。

舅婆把肉片依序放入湯裡，接著勾芡攪動，最後倒入一大臉盆油麵，嚐了一口味道後，臉上露出了滿意笑容。接著她在一碗碗盛有魯麵的小碗裡淋上黑醋，再撒上一丁點芫荽，一年中思念的味道，立刻再度撲鼻而來，帶著強烈的歡慶氣息。過去這一年，舅婆家境好轉，魯麵上多了一隻剝殼的橘紅小鮮蝦。

這是嵌在記憶底層對食物最初的難忘美味，在窮困的年代，即便吃一碗擔仔麵都是奢侈。

母親多病，外婆以每月三百元的保母費，將我自小託付給舅婆，在台南這座陽光充足的古城，到處布滿長長曲徑幽深的巷道，太陽照不到的地方，散發著歲月陳腐與溼暗潮霉的氣味。

在陰影下過生活的人習以為常，日子像醬菜般褐沉，對美味的追求從不敢恣意，一碗麵就算是一種幸福。

舅婆家租賃在狹窄蜿蜒的大銃街尾，一座閩南式灰舊三合院的左廂房，與幾戶人家共用一個正廳。一家嫁娶，等於數家人辦喜事，三合院熱鬧非凡，院子內外與正廳，大人、小孩無不捧著魯麵，呼嚕呼嚕吸著麵條的歡樂畫面，至今難忘。

離開台南之後，對魯麵的思念悠長暈黃，環繞著三合院的廂房老屋、通鋪和鐵皮屋廚房；那油光閃亮的湯汁，在塵封的記憶中不斷蕩漾，釋放出再也遍尋不得的獨特美味。

沉澱時光的碗粿

為什麼那麼喜歡碗粿，也許是這普通的小吃具有穿透時光的力量，即使處於無常，聞著這味道還是能繼續生活下去；也許碗粿本身就是世間的某種隱喻，不同人吃著有不同領會。

碗粿的記憶就像凝結在琥珀裡的小蟲，也凝結在時光的溫潤裡。那些偶爾閃過的畫面，有時更像一卷真實影片，完整呈現在眼前，陪我度過一個又一個偶爾無法入眠的夜晚。

黑暗中，我常會想起一張臉。

從小到大我們見過無數人的臉，大部分就像我們路過的樹那樣平常，不會特別記得，但是閔舅的這張臉就像畢卡索畫作真人版，扭曲著不對稱的五官，加上佝僂的上半身，連尚未進小學的我，都知道他非正常人。

如果這篇短文是容器，我想裝載的是他短暫的年華，與他曾擁有的世界。

這世間有很多人，我們不知道他從哪裡來，又要往哪裡去，閔舅就是其中之一。

閔舅從小被父母丟棄在舅婆家的門口，從那時起，舅婆就是他的母親。在我有記憶以來，不愛說話的他，總自己一人住在院落的雞棚旁，任憑舅婆如何勸，他都不肯回到屋子裡。

閔舅不多話，總等白天表舅、表姨不在家他才過來，幫著舅婆餵雞養鵝，或幫忙剝落花生、去破布子的零工。只有我們三人時，他才偶爾開口說話，當然也會露出罕見的笑容，但是他一笑起來五官位移得更厲害，看著令人難受。

舅婆知道閔舅喜歡吃碗粿，在我們三人白天共處的時光中，她似乎把一個母親能給的愛都傾注在他身上。「阿閔啊！阿母炊碗粿給你吃，好麼？」閔舅努力對著舅婆笑，歪斜的目光無法控制的投向梁柱上方的壁虎。

舅婆到街口的簸仔店買在來米，並借用店家的磨臼磨出半桶米漿帶回家。她先把五花肉剁成肉末，接著切碎紅蔥頭，磚灶上鐵鍋裡的豬油此時滋滋作響，她把我趕到一旁。我索性搬來椅子，遠遠站在上面，好奇的觀賞一場食物秀。

滿頭大汗的舅婆把切碎的紅蔥頭丟入鍋中，蔥香立刻飄到屋外，連貓咪也跑進屋裡喵喵的叫。接著她放入肉末快速翻炒，幾撮調皮的肉末還會在鍋上亂跳，甚是有趣。舅婆依序倒入醬油、米酒、白胡椒粉，就像變魔術一樣，空氣中立刻散發出有如節慶般的歡娛味道，我想，這是閔舅專屬的節慶吧！

舅婆說要給閔舅一個生日，閔舅開心的說：「我有生日，我是有生日的人！」

舅婆在另一個灶上煮米漿，米漿愈煮愈稠，不一會兒工夫，舅婆把煮好的米漿分裝到碗裡，又一一倒入少許炒過的肉燥拌勻，接著再把盛有米漿的碗放入大蒸籠裡，沒多久就散發出陣陣誘人的香氣。

舅婆掀開鍋蓋，用筷子戳戳軟硬度，接著取出一個個蒸好的碗粿，依序在上面添加一小匙肉燥，並淋上調好的蒜泥，這時她才滿意的喊：「阿閔啊！快來吃囉！」

舅婆高興的看著吃碗粿的閔舅說：「阿閔啊！我要幫你找個牽手，我想好了，日後你們就住雞棚那裡，我希望有一天，你也有像雞群那樣大的一家伙人！」

果然，沒多久舅婆就找來一個患小兒痲痺的女孩，但是第二天女孩就跑了。閔舅扭曲的五官似乎更不協調了，他連白天都把自己關在雞棚裡。

有天，他不知怎的帶我到不遠的海邊，坐在林投樹密紮的海岸望著遠方說：「這世上只有阿母和海對我最好，從不嫌棄我！」

其實，我想告訴他，我也和舅婆與眼前的海一樣。

這是我和閔舅最後一次獨處，那天回家後他就不再出現，舅婆把三餐送到雞棚邊，表舅、表姨和舅婆大吵一架。

幾天後舅婆哭哭啼啼，說閔舅不見了。家裡幾個人也著急的出門尋找，但是閔舅就這樣消失了，再也沒有回來。

幾週過去，某個半夜起床上廁所，卻看見閔舅從通鋪的左邊慢慢伸直身子站起來向前走，他的背不駝了，更神奇的是，他的五官好像回到本來的位置，是一張好看的臉。他對著我笑，然後又慢慢向下遁去，最後消失在通鋪的右邊。

舅婆還是常常炊碗粿，有時對著碗粿發愣。不知為什麼，舅婆做的碗粿已沒有過去的香，好像少了一味。

長大後，偶爾和家人談起閔舅，一個讓大家漸漸遺忘的人。大多數時候他們談的都是舅婆對這養子的牽掛，至死她都在唸：「阿閔仔位去了？」我從未告訴舅婆，那夜看到閔舅回來的事。

成家之後，我自己也做碗粿，那碗粿上泛著的油蔥亮黃，色美味香。孩子們常問我為何那麼愛吃碗粿，她們不知道碗粿裡有思念，碗粿裡藏著一個曾被忽略的靈魂，在前進的時光中不斷浮現。

多年來一直在想，閔舅應該找到了一個屬於自己的世界，在那世界裡有自己的國，安詳且平和，沒有生活的希望與絕望。

白蛇與青龍湯

時代的氣息往往透露出某種巨大的神祕力量，無論服飾、語言或是飲食，雖經過了幾十年，忽然在某個街角不期而遇，照見了它的穿越。

很久沒有到華西街，幾年前若不是帶國外來訪的友人參觀，差一點忘了這城境之西所聚攏的民國五、六〇年代的美食記憶。

短短一條街有著台南擔仔麵、米苔目、鹹粥、當歸鴨、蚵仔酥……，還有那怵目驚心的蛇肉專賣店，就在這一刻照映出童年時的迴影。

記憶雖是陳年，但光影一如當初。

在一個陽光燦燦的午後，我被拖著走進一間蛇肉店。剎時被關在鐵籠裡一團團的長蟲給嚇住，牠們糾結盤錯成虯，令人毛骨悚然。眼鏡蛇、百步蛇、黃金蟒蛇……，那是我童年的夢魘。直至今日，夢中偶爾仍會被那恐怖的景象嚇醒，甚至有如蒙太奇，瞬間轉變成被長蛇猛追的駭人一幕。

舅婆說毒蛇愈毒愈清補，從小我兩腳長滿了膿瘡，大人都以為那是胎毒，所以要以毒攻毒。其實按照現代醫學來看，那是嚴重的異位性皮膚炎。

當第一碗蛇湯放在面前時，薑絲的清鮮味撲鼻而來，碗裡有兩塊像雞脖子的肉骨，形色白淨。也許是湯清甜，也就不再排斥那兩塊肉骨，我一邊啃一邊勾著雙腳，深怕長蛇鑽出鐵籠咬人。

自那次後，只要聽到大人說要帶我去吃蛇湯，我立刻躲起來，躲的地方很多，米缸、龍眼樹上、院子裡的木頭堆旁……。有次，舅婆四處找人，直到黃昏要做飯，掀開米缸木蓋才看到睡在裡面的我。

不久，廟口來了個戲班子，架起了野台。聽舅婆和鄰居聊到酬神的戲碼叫「白蛇傳」，我聽了既興奮又害怕，興奮的是有戲可看，害怕的是蛇要來了。

表姨聽了我的擔憂，笑得直不起身。

戲未上演，整個下午已絲竹管樂不絕於耳，三合院的鄰居和舅婆早早做了晚飯，大家等著野台戲七點開演。

誰也不願錯過這場好戲，附近人家帶小孩攜板凳的，全出來看熱鬧觀戲棚。我吵著要跟，舅婆說戲很長，怕我看到一半睡著，她可抱不動我了，我答應不睡著自己走回家。

舅婆無奈帶著我，抱著兩張板凳，婆孫倆一高一矮來到早已人潮聚集的廟口，也不知舅婆哪來的好人緣，早有人幫她占了前排的位置，第一排非但前面無人擋，演員的表情身段更是看得一清二楚。

在鑼鼓笙簫聲中，一條巨大的白布蟒蛇，頭、身、尾由三人舉撐現形，接著從肚腹旁閃出一個身穿白衣的古典美人，舅婆說：「汝看，也有好看好心的蛇！」

看著看著眼皮漸沉，耳邊依稀鑼鼓聲震天價響，人聲鼎沸。不知過了多久，舅婆搖醒我：「白蛇來看汝啦，回家囉！」我勉強睜開眼睛，果然那身穿白衣的姑娘站在舅婆身邊：「阿婆！多謝汝邀請，明天下午就去拜訪汝！」

隔天一早，聽到表姨在數落舅婆：「人家說做戲悾，看戲戇！汝真的把人家請回來？」

舅婆辯解：「我看伊身世可憐，被養母賣到戲班子，就請人家來吃頓好的，是會按怎？」表姨說不過舅婆，就逕自上班去了。

表姨走後，舅婆開始忙起來，到雞寮抓了一隻母雞，舅婆說母雞肉質細嫩，款待姑娘正好。那是一個無從講究的年代，只有麥茶，沒聽過咖啡，更不知有蛋糕。殺雞只有在年節，不知舅婆對這白蛇姑娘為什麼那麼好？

世間萬物無一不是隱續。幾年之後我才知道，原來舅婆也曾經是個養女。這種同病相憐的邂逅，是否隱藏著舅婆心中長久不為人了解的情感投射？

午後，表舅帶回來一段雪白的肉骨：「阿母，蛇肉買回來了！」一聽是蛇，我整個背脊如驚貓般拱起來，那一尾蠕動的蛇軀，剎時在眼前浮現。轉身準備再次躲起來，卻被舅婆一把抓住：「那個漂亮的白蛇姑娘就要來了，汝不愛看伊？」

正說著，外頭傳來聲音：「有人在麼？」隨即一張乾淨清麗的臉龐探進門內，有別於戲台上的濃妝豔抹，我幾乎認不得她就是那位白蛇姑娘。

舅婆喜孜孜的請她入內，白蛇姑娘從隨身的包袱裡拿出兩條紙糊的小蛇——白蛇和青蛇：「送乎汝，小朋友！」她對著我笑，很難想像她會是個蛇精。

那天舅婆和她話家常，好像彼此相識甚久，更具體的說，好像一對失散多年，終於找到彼此的母女。

那姑娘說到被賣給戲班子的一段往事，舅婆輕輕拭淚，一對陌生人用她們能理解的質樸單純，互訴陳年瑣事中的點滴，彼此輕聲的喟嘆，卻讓人如沐春風。

這也許是我長大之後那麼愛聽故事與說故事的原因吧！

那天舅婆辦了一桌子菜請白蛇姑娘，舅婆夾了隻雞腿給她，白蛇姑娘眼眶泛淚，感激的說：「阿婆，我長這麼大還沒吃過雞腿！」

舅婆慈和的看著她：「現在吃也是吃啊！」

如果說人的一生到後來能留下時間印記的東西愈來愈少，但起碼這一幕我會記得。

舅婆在給白蛇姑娘勸吃夾菜的同時，並未忘記那一大截的蛇肉，她舀了一碗水入小鍋中，接著片老薑切薑絲，待水滾薑絲入鍋，不一會兒空氣中充滿了清香的薑味。接著她把剁塊的蛇肉放入鍋中燉煮，空氣中原有的薑味混著一股肉香，不是豬肉也不是雞、鴨，那是嗅覺很難察辨的一種氣味。

「我不要吃蛇肉！不吃！」我跺腳抗議。

「小朋友！你看你滿腳紅豆冰，吃了這種湯才能快好，你說它哪有蛇的樣子？它是龍，你喝的是青龍湯，吃的是青龍肉，這個叫做龍骨！」白蛇姑娘指著那塊肉骨說。

我望著放在眼前的那碗青龍湯半信半疑，碗裡飄上來的清新鮮甜味讓我忍不住嚐了一口，似乎比以前吃過的蛇肉湯好喝多了，肉質也更細嫩。

吃過飯之後，白蛇姑娘要去上戲，隔天戲班子就要離開了。臨走前舅婆叫住她：「姑娘啊！此後咱不知會不會再見，望你這隻蛇有一天變成龍！」

「阿婆！真多謝！我會永遠記住汝這句話！」

故事很短，人生很長。多年後，我已到了舅婆的年紀，回想她當年叫住白蛇姑娘時的眼神，充滿體貼的情真意切。

年長後，回憶她那些細瑣日常的語言，渾然如入禪境。

髮菜情長

在高度文明的社會，我們主動或被動游移在生活的意識與無意識間，尋找一處能讓人安心的所在，透過這個所在，所有模糊的面容和清晰的面孔，時不時的翻越跳躍。

在記憶的空間裡，所有現在都會變成過去，而過去就像某個時間點的現在，會突然游到你面前穿透心靈，觸動我們最柔軟的部分，那裡有最真的想念和被時間篩飾過的美好，而這些美好經常附著了食物的形影。

世界上的食物與食材不勝枚舉，

參與了我們不同的人生形式，甚至組成不同的生活氛圍，也正是如此的氛圍，撫慰了我們偶爾孤寂的心靈，提供了我們色香味的文學意象。而時間與食物的邂逅，則創造了許多文學的想像。

六歲那年離開舅婆，從台南回到高雄外婆家讀小學。外婆在高雄鹽埕區的新興街經營一家「永清浴室」，樓下是近三十坪的澡堂，樓上是住家。我常在騎樓下跳格子，每天約莫十二點，從樓上廚房傳來的香味，我大概都猜得出中午飯桌上的菜色。這麼說來，我大概有隻靈敏的鼻子。

和同齡我輩談起過去飯桌上的食物都相當感嘆，那是個物資缺乏的年代，一頓溫飽難求，遑論山珍海味。但是外婆經營的永清浴室每天現金流量可觀，飯桌上餐餐魚肉不缺，若有來客，廚房更是油爆蔥香，傳送鄰里。

記憶中空氣裡飄散著淡淡的海腥味，一定是遠房姑婆來訪。這位瘦小黝黑、滿頭白髮，後腦盤著髮髻、滿臉皺紋的姑婆，住在遠處的小漁村。她一來好像把海風都帶來似的。

家族中有好幾位姑婆，小時候我們都稱她「海姑婆」。海姑婆每次來都會帶漁村的特產「髮菜」來。髮菜初看像一撮細細鬈曲的頭髮，我想頭髮能吃嗎？

外婆如獲至寶，先將髮菜泡水，直到髮菜在水中甦醒伸展漂浮。外婆陪著海姑婆話家常，內容不外是小漁村的親戚和打魚人的辛勞。

聽著聽著，我常有股幻覺，微微的燥熱和鹹溼的海風通透穿堂，緊隨著一波波海浪從四面八方湧來，打在櫥櫃、圓桌、板凳、大灶、鐵鼎和鍋盆上。

外婆一邊說話，一邊手不停歇的給髮菜備料，很想知道外婆會把什麼東西和這坨頭髮放在一起，做出什麼好吃的菜？

從小我就是好奇的孩子。個子太矮，看不到灶台上的風光，索性站到通往閣樓的階梯上，往下俯瞰，灶台上琳琅滿目五顏六色的食材，青蔥段、紅蔥頭、竹筍絲、胡蘿蔔絲、香菇絲、豬肉絲，每一樣都整齊擺在小碟子上，像極了我的彩色玻璃彈珠盤。

廚房有兩個磚灶，一個灶上的鐵鍋正在燜煮一整隻土雞，淡鹹的空氣中飄散著微微的雞肉香。外婆和海姑婆談著心裡話，料理著兩人共同記憶裡的美食。黃昏的夕陽斜射進屋，金陽的柔光照在兩個老人飽經風霜、深藏歲月刻痕的臉，也照得她們背後的一大片牆金光燦燦。那一幕，比世上任何珍貴的名畫更令我難忘。

兩個老人輕聲細語談著年輕時的趣事，歲月悠悠，帶我穿過時光隧道，好像融入了她們年輕時曾有的笑聲裡。

備好各種食材的外婆，好整以暇等著熬雞的那鍋好湯頭。這時，年過七十歲的海姑婆突然神祕的說：「我死過兩次！」正在喝茶的外婆一聽，驚得差點拿不住茶杯。

原本靜好的畫面，因海姑婆的一句話，突然都騷動起來，連在旁的貓咪聞言也「喵」的一聲跳開。

我忍不住問海姑婆：「你死了怎麼還會動？」什麼是死？我看過小雞不動，外婆說牠死了。

外婆瞪我一眼，接著緊張的問：「汝怎麼回來的？」我豎起耳朵，不想錯過神祕的故事。

「我跟汝講喔……」海姑婆謹慎的看看四周，好像怕什麼人聽到一樣：「我迷迷糊糊來到一個所在，四周都是小房子，站著很多穿唐裝的人，男女老幼都有，幾個老人趕我走，說時機未到緊回去，我被這些人趕走。醒來後，看到阮子在幫我準備腳尾飯啦！」說著，她噗哧的笑了起來，外婆也跟著大笑，兩人笑到頻頻拭淚擦眼角。

「後來第二次呢？」外婆也小心望向四周，好像怕有人偷聽。

「第二次更神奇，我爬過小山，發現四周很多人在賣吃的，也有很多人在買，手上拿的都是銀紙，嚇得我越頭就跑！醒來時看阮子在哭，他嚇一跳說阿母莫閣滾笑（別再開玩笑）！」說完，兩個阿婆又是一陣大笑，連連拍著木桌，杯裡的茶水跟著興奮的抖出來。

笑累了之後，外婆說：「差點忘了要煮髮菜！」兩人從椅子上站起來，外婆比姑婆約小十幾歲，她動作伶俐的加柴熱鍋，隨手挖出一大塊白凝的豬油進鍋，等黑鐵鍋冒油煙，她迅速倒入紅蔥頭、香菇絲，快速翻炒，那油蔥和香菇混合的氣味，把貓咪都引回來，在外婆腳邊「喵喵」的打轉。

等到香氣在油鍋中發揮極致，外婆便將燉好的雞湯倒進油鍋中，「滋喇」一聲，閩南特殊的紅蔥頭飲食文化，在翻滾的油湯中冒出陣陣渾厚濃郁，連樓下澡堂的客人，都忍不住哀嚎：「夭壽！足枵（肚子很餓）耶！」

接著，外婆依續加入胡蘿蔔絲、竹筍絲和肉絲，然後把泡開的髮菜撈出加入湯鍋裡。黑色的髮菜慢慢鬆散，一絲絲在油湯中上下沉浮，與各色食材融合成一幅抽象寫意的現代畫。

最後，外婆倒入調好的半碗太白粉水，勺子在鍋裡慢慢翻攪，攪出一鍋美味的羹湯。起鍋前外婆撒下切段的青蔥，鍋裡的五顏六色就更熱鬧了。髮菜在湯品中千絲萬縷，有若人間萬般情長。

那是海姑婆最後一次造訪，幾個月之後她在睡夢中辭世了。有一陣子我還期待著她能再訪，神祕的告訴我們，她死去的第三次到底去了哪裡？

電影「阿甘正傳」說：「人生就像一盒巧克力。」我倒是覺得「人生就像一鍋髮菜羹」，單一的食材平凡無奇，就是各自孤獨，漁村的髮菜深藏，就是自己寂寞。只有不斷的相遇、互補才能相得益彰，成就一鍋好羹湯，有如外婆和海姑婆共度的美好時光。

五柳枝魚的華麗與哀愁

歲月潛藏，文字敘述是叩問生命的一種方式。本書一系列與食物有關的故事，其中的人事物流露舊日社會某種生活基調。文學意象或許是虛幻的，但這些人事物是真實的，藉由食物與我們一起悲喜和感受。

食物記錄時光旅程，透過文字延伸了我們人生的長度。說來食物是最不能被遺忘的回憶，那些不為人知的片段和溫暖；那些桌上的菜餚，原來它們不曾消失，一直都在那兒。

在一般的記憶中，很難把最香與

最臭的氣味混在一起，但這兩種氣味混合的特殊氣息，始終鎖在我的嗅覺神經元深處。

七歲那年，飯桌上出現了一個奇特人物，他一上桌全家人都跑光，就剩我和外婆，他就是擔屎伯。由於長期兩肩挑屎，他的脊椎呈四十五度彎曲，即使沒有兩桶屎桶在身，他依舊駝著背。

在沒有抽水馬桶的年代，家家戶戶都有個後門緊連後巷，便於擔屎的人來收糞，因此小時候我避後門唯恐不及。後巷長期醞釀著空氣吹不走的一股惡臭，但卻是挑糞人每天工作的場域，一年四季來回鹽埕區幾條街的後巷，一一挖清每戶人家的糞坑。長年累月，挑糞人身上始終揮不去一身屎臭味。

成年後每憶起擔屎伯，就讓我想到梵谷早期的炭筆畫中，一群長年駝著背在地底下七百公尺深處礦坑挖煤的人，他們變形的身軀，恰如佝僂的擔屎伯，象徵著社會底層深刻的悲哀。

家裡人始終不解，外婆為何請一個擔屎的人來她經營的永清浴室泡澡，又請他上桌吃飯？

沒多久，擔屎伯帶了女兒來拜訪，一個名喚「阿英」的少女，外婆一聽她讀高雄女中（初中），甚是歡喜。也許因為我母親早逝，膝下無女的外婆索性認了阿英當乾女兒，這事讓全家甚是震驚，尤其二舅更是激烈反對。

外婆囑咐阿英，往後每個週末都到家裡來吃飯，阿英乖巧的說了聲：「多謝阿母！」

外婆聽了高興的說：「你下回來，我做五柳枝魚給你吃，伊阿母最愛吃我做的五柳枝魚！」外婆指著我說。

也許我們每個人生命的歷程中，都會與曾經的那個「擁有」失散，最終有的會找回，有的真的就徹底不在了。

週末阿英真的來了，外婆喜孜孜好像要過節一樣，準備了很多菜色。外婆一邊和阿英話家常，一邊熟稔的做著廚房的事。得知阿英在校成績很好，外婆更是高興：「你好好認真讀書，將來繼續讀高中！」外婆鼓勵阿英。

「我阿爸說，讀完初中就出社會！」阿英低著頭說。

「為什麼？你那麼會念書啊！」外婆驚訝的問。

「阿母，我阿爸可能沒跟你講，我家裡還有個阿母，伊需要人照顧。」阿英輕聲說。

「按怎講？」外婆瞪大了眼睛，她以為阿英也沒有媽媽了，像我一樣。那天擔屎伯來家裡吃飯時說阿英媽媽不在了。

「我阿爸沒對你說實話，他不好意思跟你講我阿母是痟仔！」

也不知是否湊巧，二舅剛好經過，聽了沒好氣的說：「阮老母也是痟仔，才會做一些痟代誌！」

外婆狠狠瞪了二舅一眼，阿英的頭更低了。生活有生活的真實，雖然當時沒有意會出二舅的言下之意，但在阿英低下頭的那刻，我彷彿隱約明白她的苦惱，就像外婆常掛在嘴邊的話：「每人有每人的心事，各家有各家的苦處！」

灶台上擱著一條大黃魚，外婆憐惜的說：「阿英第一次到家裡吃飯，我做五柳枝魚給你吃！」阿英聽了後眼睛發亮。不知是否心理作用，我總聞到阿英身上也有一股和擔屎伯相同的氣味。

五柳枝魚是外婆的大菜，因為相當費工。灶上邊早已擺著一碟碟切好的洋蔥絲、青蔥絲、白菜絲、香菇絲、肉絲、筍絲、木耳絲、青椒絲和紅椒絲，色彩繽紛。

另一頭的大灶上正熱油滾滾，外婆在大黃魚的兩面各劃上三刀，然後抹上薄薄一層太白粉後，就將魚丟入油鍋中，瞬間油鍋煙氣翻騰。「滋滋」油炸聲中魚香四溢，等黃魚在油鍋中炸得酥香金黃，外婆立刻撈起放在橢圓大盤中備用。

她轉身到備料灶前再起油鍋，將洋蔥、青蔥等多樣備料依序下鍋快炒，瞬間有別於魚香，混合著紅、黃、白、綠、褐的各色食蔬，歷經高溫、透過空氣振動，散發出來的美味想像，引得我對五柳枝魚垂涎欲滴。

外婆接著倒入一碗半的高湯、半碗白醋、一大匙糖和少許鹽，很快的鍋鼎裡上下翻滾的不再只是食物，而是上天撒下的七彩麗顏，最後她又倒入半碗太白粉水勾芡，撒下香油和香菜，這時的我早已按捺不住，頻頻催喊：「好了沒？可以吃了嗎？」

外婆慢條斯理，把剛炸好的大黃魚腹部朝下，端正頭尾，鏟出熱鍋裡色香味俱全的芡羹淋上，乍看之下，那覆蓋著各種飽滿色澤的黃魚，像是優游在陶盤中一樣。

這餐的五柳枝魚是我吃過最難忘的一次，在馨香中混雜著異味，兩種香、臭氣味的混合，製造出記憶的不斷延伸。餐桌上外婆鼓勵阿英繼續讀高中，她說：「放心讀，學費我來出！」

但是阿英到底還是婉拒了外婆的好意，初中畢業，她考取「車掌小姐」，就真的出社會了。為了洗去身上的異味，她連續幾天來永清浴室洗澡，外婆給她買了幾件全新的衣裙。

上班的前一天她來看外婆，臨走她對外婆說：「阿母煮的五柳枝魚真好吃，長這麼大第一次吃到這麼好吃的魚！」

外婆說阿英其實渴望升學，但她更大的心願是父親不要再擔屎。

當時小小年紀的我，聽到這話只覺得阿英很孝順，然而生命彷彿藉著擔屎伯和阿英，早早在預告，一切生存沉重的本質，希望和失望，就像餐桌上的五柳枝魚的香味和飄散在空氣中的淡淡穢臭，在生活中總是同時存在。

永清浴室的粽香

心理學上界定童年的結束，大致在十二歲。

我的童年分別為台南「廟口時期」、高雄「永清浴室時期」以及台中「安由戲院時期」，短短的十二年，輾轉於三個不同的生活場域。

生活最大的動力來自食物，永清浴室時期是我的美食啟蒙期，外婆的桌菜手藝，往往引起我的好奇，看起來不甚起眼的生鮮食材，在外婆的巧手下，以不同的色彩與香味幻化成盤中佳餚。

注視著它們，總感覺那些盤中美食像精靈，企圖吸住我的目光。

永清浴室坐落在鹽埕區的新興街，小時候覺得新興街是一條沒有盡頭的巨大馬路，這容納來自各地族群與居民的熱鬧街道，尤以「永清浴室」最為人聲鼎沸。

早期一般人生活條件不佳，洗澡通常屈就廚房一角，方便就近取得冷、熱水。一到冬天，永清浴室的生意特別好，有如現在的溫泉湯屋，是難得享受一下的好去處。

永清浴室有兩股煙氣，一股來自燒熱水的煤爐，由外公掌控。每天一早，外公坐在一樓後尾間的大煤爐旁鏟煤加炭，直到長工來接手。如雷的「轟、轟」送風聲，時隔數十年，仍偶會在夢中聽見。

外公背後是一座如小山高的煤堆，他罩了一件灰白長袍，有如電影「神隱少女」中的鍋爐爺爺。

另一股煙氣來自廚房，那是外婆施展魔法的地方。早上外婆到市場採買回來的食材堆積在櫥櫃下一角，到了午餐時，全都上桌變成形形色色的美食，最常見的是滷得油光的蹄膀滷肉，燒得散發酒香的紅糟鯽魚，炒得微酸甜的花菜軟絲，燙得鮮味十足的Q彈劍蝦……

外婆家兒孫眾多，長大後，我輩談起記憶中阿嬤圓木桌上的珍饈，都有各自說不完的獨特回味。

外公總是第一個上桌的人，他有個特殊習慣至今難忘。舉箸之前，外公首先張嘴取出假牙，丟進一旁的玻璃杯，上下兩排假牙在水裡載沉載浮，彷彿覬覦桌上佳餚，隨時準備衝出來大吃一頓。我一邊吃飯，一邊注視著詭異的假牙，深怕它們真的跳上桌。

飯後外公就騎著腳踏車四處遊蕩，「伊是阿舍，有錢人子，坐不住。」外婆常這樣說外公，外公也就更理所當然享受他的特權去了。

外婆是永清浴室的靈魂，她有四個兒子，我母親是唯一的女兒。為了一家人的生計，她開創了永清浴室，從開業到後來的經營，從來都是事必躬親。

外婆總是家中第一個起床的人，大清早就來到廚房生火煮稀飯，做好早餐立刻下樓，刷洗永清浴室的大小池子，從大眾浴池的磨石子地開始，一寸寸往大浴池洗去，每個角落都不放過，連置衣櫃的柱腳、小板凳都刷得乾乾淨淨，接著刷洗數間個人浴池。

也許是母性本能，外婆把這個家的兒孫照顧得妥妥當當，包括年幼失去母親的我們三姊妹，也包括她口中「阿舍」的外公。

和外婆同住的兩年，我沒看過她生氣，再大的事情頂多見她容顏肅穆，聽說我母親病逝時，她也未曾掉淚，彷彿失落和憂傷不曾在她心靈烙下印痕。

外婆很少打扮，頭髮往後梳成一個阿婆髮髻；她穿著樸素，長年一件斜襟白布衫配上黑長裙。也因為這樣的樸質穿著，刻劃在印象中，更具有穿透時光以及超越時代的力量，將她還原成早期台灣女性的堅毅形象。

平凡的外婆有不平凡的手藝，年節桌上的應景美食總難不倒她，舉凡除夕圍爐、清明潤餅、端午肉粽、各式炊粿，在她來回不斷的叩叩木屐聲中，廚房煙氣蒸騰，好像一間永不打烊的食堂。

那時小學一、二年級上半天課，一下課回家，我就鑽進廚房，看看外婆又做了什麼好菜。外婆一向節省，鮮少為自己花費，但對於家人毫不吝嗇。永清浴室年節的面貌顯得格外豐盛。

這是童年印象中最幸福的一個端午節，圓木桌上擺滿了各種包粽子的餡料，有花生、香菇、鹹蛋黃和五花肉，外婆總是在吃食給家人最好的款待，好像唯有這樣，才能顯現一個大家長的慈愛。

早在端午節前幾天，外婆就把竹葉浸泡在大鋁盆中，屋子裡裡外外充滿竹葉香，過節的氣氛隨著風飄過大街小巷。

端午節前一天一早，外婆就把洗淨的竹葉和麻繩準備好，木桌下還有一大桶浸泡多時的糯米。

她先把蝦米和各種食材翻炒爆香，用大鋁盆盛放，接著利用鐵鍋裡剩餘的油湯汁液把糯米炒得半熟，一切就緒就等著包粽子了。

帶著興奮的心情，我搶著幫外婆包粽子。外婆給我用兩片竹葉摺疊好的葉杯，我學著大人舀了一匙炒到半熟的糯米壓在竹葉杯底，又依序加入各項食材後，再加一匙糯米覆蓋。

深怕我的竹葉鬆開，外婆趕緊接手包緊，接著熟稔的綁上麻繩，一顆粽子就完成了，看得我目不轉睛。

外婆不停的包，一顆接一顆，手腳俐落，我在旁數算，快到中午時，她和兩位舅媽已包好兩百顆粽子。

灶上一個大鐵鍋沸水正滾燙，外婆將三十顆一串的粽子分批下鍋煮，就這樣一整天，粽葉飄香十里。

左鄰右舍紛紛來探頭招呼，因為她們知道，煮好後，外婆一定每家分送幾顆。如此人情，正似一個時代的縮影，也是一段早期樸實人家熟悉的生活符號。

世上有可以挽回與不可挽回的事，過完端午節沒幾天，外婆突然腦溢血過世，就是不可挽回之事，那年她五十九歲，我八歲。

套用村上春樹的話：「儘管世上有那般寬闊的空間，而容納你的空間，雖只需一點點，卻無處可尋。」失去外婆的庇護，連那些令人懷念的年節也跟著消失了。

一切消失而來，一切消失而去，永清浴室在往後不久的日子裡也消失了。但是記憶不會消失，當我變成大人後，永清浴室的時代風景、永清浴室的廚房氣味，都變得更清晰起來。

外婆及她剛起鍋的飯菜，表兄弟姊妹的臉龐，甚至浴池牆上斑駁的痕跡，都在一瞬間重現。

一切都回來了，在我心裡，直到永遠。

輯二

密碼食光

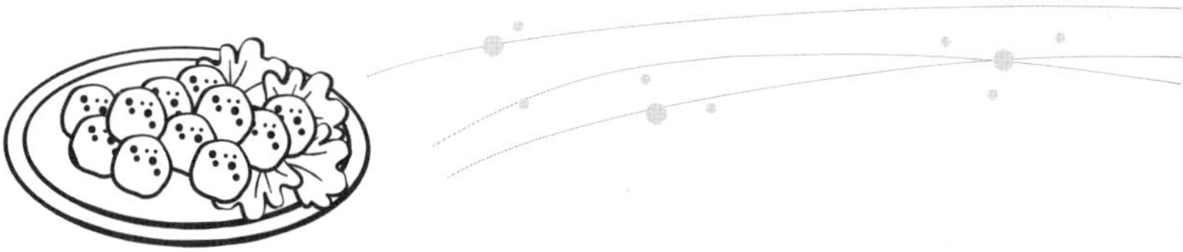

時間是一把剪子，剪出記憶中的一抹熟悉氣味，剪出一段熟悉的生活密碼。而這正在煮食的整條街一片迷濛，彷彿不在人間。

一個陌生女人的十全

時間是一把剪子，在漫長的歲月中剪出各種不同的人際關係，剪出記憶中的一抹熟悉氣味，剪出一段熟悉的生活符號，無論什麼可能，剪子的對口就是生活。

穿梭在生活中，或許過去的溫度已消逝，但記述的文字是否會隨著生活而逐漸失去它的熱度？

因為擔心，所以每每煮字溫文。

小學升四年級前的暑假有個颱風天，不知怎的，一位陌生女人突然出現家門前，自稱是父親的舊識友人。當然父親的朋友相當多，自稱是其女友的也時有所聞，那時母親已去世多年。

年輕時的父親一向西裝筆挺，即使夏天也一絲不苟，印象最深的是他西裝口袋上，永遠不會遺漏的一截細緻白方巾。

後來在電影「羅馬假期」中看到男主角葛雷哥萊・畢克的紳士行頭，才頓時明白，那可能是父親那年代心目中的老派體面與浪漫吧！此時的父親因故遠渡東洋已三年，但我想他留下的浪漫還未消散。

那天風雨交加，這個女人手提一隻雞出現在家門口。此時的家是由父親和繼母組成的，外婆過世後，這兒成了收容我們姊妹的地方。

「我來看鄭桑的三個女兒！」這個女人開口，她站在亮晃晃的屋外，面對著陰暗的屋內，我看不清她的臉，只見她身形瘦長，穿著無袖花洋裝，兩隻胳臂被屋外的雨淋得溼答答。

繼母來不及反應，她已逕自入內，布巾裡的雞伸出頭四處張望，還「咯咯」叫了兩聲。「不好意思突然來打擾！我探聽很久才找到這，是來看鄭桑的女兒……，以前我有困難時，鄭桑幫助過我……」她開始細說從前，以及她和父親過往的交情。

「我沒惡意，太太不要擔心！」她頓了頓，好像還有話未說完：「不知鄭桑在外面還好嗎？」繼母面無表情，只是冷冷的站在門口。

這時候我總算看清了她的面容，一個年約四十歲的女人，面目清秀。「你就是鄭桑的最小女兒吧？我在你高雄阿嬤家看過你，都長這麼高了，但實在太瘦了！」

也許是最後一句話激怒了繼母，她沒好氣的開口問道：「你到底要做什麼？」

「也沒什麼！我只是想來看看鄭桑的小孩！順便帶一隻雞來給她

們補補！」

聽到有雞肉吃，我眼睛都亮了起來。一早繼母還推說颱風天買不到菜，湊合著醬瓜配稀飯就好，和繼母住的兩年多來，餐桌上永遠只有芹菜炒豆乾、鹹魚、空心菜，我幾乎忘了雞肉的味道，忘了外婆家滿桌佳餚的幸福。我懷著期待的心情注視著這女人，覺得她簡直是老天爺派來的好心人。

「別擔心，我煮完一鍋十全燉雞湯給這幾個孩子吃就走！家裡有十全嗎？」她突然問道。

面對這個不知來自何方的女人，繼母沉著臉勉強道：「沒有！」這個陌生的女人聽了隨即丟下一句「我去買」就出門了，留下滿屋子的疑問和一隻不斷在啼叫的雞。

外面風雨正大。

多年後父親回來，我問起他有關這陌生女人的事，父親先是一陣驚訝，沉吟片刻後說：「那麼久遠的事了，她都沒忘！」父親也許不了解，當一個人愈想知道自己是否忘記時，反而記得更清楚。

女人回來後連頭髮都溼了，一進門帶著一股濃濃的中藥味。不知是因為她的溼髮讓我不忍，還是那股熟悉的外婆廚房的中藥味，我對她的好感瞬增十倍。

繼母打量著她，對她的態度好像沒先前冷漠，但仍板著臉不知該如何應付這不速之客。

「這帖適合夏天清補的十全，和冬天的十全藥材不大一樣……」她如數家珍的說著。

一陣子後，繼母對她明顯放下心防，兩人開始商討如何殺雞，揭開了共同話題，一剎那間我差點以為她們是多年好友。待大鍋中的水煮沸了，女人教繼母把那隻放過血的雞丟入大鍋中以便拔除雞毛。

終於，繼母忍不住了：「請問姊啊！你是怎樣和我丈夫相識的？你們是不是有一段……？」

女人瞬間瞪大了眼睛：「你千萬不要誤會你丈夫，都是我一人單相思，從小我們就是鄰居……。唉！是我愛不到啦！哈哈哈……」她說著羞答答的笑了起來。

「喔……喔，是這樣喔！」最後的那個「喔」字未說完，繼母已經眉舒眼開收拾最後的一絲疑慮。難掩寬心後的和悅，她同情的說：「唉！女人千萬不要這麼傻……」繼母好像找到傾訴的對象，開始述說她目前正經歷的「傻」，替男人照顧他的孩子，她愈說愈起勁，幾乎忘了一旁的我就是那男人的孩子。

此時雞毛散落一地，女人沉默的拿起掃把，眼睛專注看著地板，好像地上有許多值得撿拾的東西，這時我才發現她的側臉線條很美，鼻梁特別筆直堅毅。

窗外風大雨大，窗內爐上的十全燉雞湯正在咕嚕冒著煙氣，當歸、川芎和熟地的特殊氣味沁潤著木櫃、桌椅及牆上的鐘。恍惚間，一陣古樸典雅的氣味鎖住了當下的琥珀時光。

繼母的滔滔不絕和這陌生女人的安靜，形成了鮮明對比，一個充滿對眼下的抱怨，一個落滿了過去的塵埃。

時間接近中午，藥材熬透被撈起棄置，陌生女人將雞肉倒入濃郁的湯藥中，待雞肉熟透，她將煮好的麵線分碗盛裝，倒入熱湯和雞肉塊，一碗香噴噴的十全雞湯麵線就完成了。

年長成家後的夏冬兩季，我總會做十全燉雞湯，補償過去的自己，並將所有生活的點點滴滴，都摻入這古樸濃郁的十全裡。父親過世前的幾年，一次與他閒聊又談起這個女人。父親坦言，那是他從不為人知的一段。

我想，愛一個人最好遠離他，完美的距離才有完美的想念。

在這個故事裡，我看見的版本，和繼母看到的版本，及陌生女人自己的版本，還有父親想隱藏的版本，可能都不一樣。故事是容器，裝載了各自陳舊的年華。

天氣冷了，十全的藥材香再度飄散整個屋內，從鍋蓋冒出的絲絲縷縷煙氣，在空中形成一個潛藏、一道暗影，都是人間且歌且行的自我照映。

滿足烘蛋

成年後進出城市的各大餐廳，遍尋不及兒時周桑烘蛋的滋味。

周桑個頭不高，虎背熊腰，一張方臉上嵌著兩顆龍眼核般的眼珠子，磁鐵般緊緊吸住人的目光，讓人很容易忽略他臉上還有其他什麼。

不知何時他開始進出我家大門，也許是大姨偶爾來小住以後。

大姨是繼母的姊姊，但是多年後繼母一家再也不提大姨曾經是他們家的一員。

從小我聽到的故事是，大姨是他

們家的養女，做過許多不光彩的工作，養女的悲歌在早期社會中屢見不鮮，在小說裡也一再被鋪陳。

可是不知為什麼，從小我就特別期待大姨的來訪，也許是她帶來的一點母性讓我感到溫暖。繼母不在時，她會偷偷給予一些言語上的關懷，然若繼母在跟前，她是絕對恪守姊妹聯盟陣線的。

大姨來了，廚房就熱香四溢起來，多少填補了我成長時對食物的嚮往，同時也把周桑帶進我多年後的回憶裡，他始終站在廚房光熱一角，低頭專注料理食物。

也因為只記得他的眼睛，五官其他部位相對模糊，他辛勞的背影顯得格外清晰，大概這就是周桑魅力所在了。

有一天，周桑幫大姨提著皮箱，兩人同時出現在我家。看來，大姨又要來小住了。大姨其實有個家庭，她十七、八歲就嫁人，遭到丈夫長期家暴，生下一雙兒女後，她就離開那個家了。

在繼母的轉述中，「她做過的工作亂七八糟，還去當旅館女中」，「女中」一詞是早期社會對旅館清潔女工的稱呼，隱藏與暗示「性」的連結，繼母語氣裡有明顯的睥睨。

不知道大姨和周桑是如何認識的，但從周桑注視大姨的眼神，溫柔情深，我想周桑是愛大姨的。

時隔數十年，我像生活的漁夫，用文字垂釣幾近被忘懷的往事，一方面填補成長的坑洞，一方面細細回憶周桑開拓我外省菜的視野。

對於「周桑」的稱呼，這位外省籍男子似乎也樂於沉浸在這台式的親切暱稱中，好像他生來就是被大姨「周桑」來「周桑」去的使喚，聽得我們一家大小也都稱他周桑。

周桑其實是有家室的人，不知為何離開了那個家，大姨不提，大家也都不問。

大姨身體似乎微恙，安頓好大姨，周桑就上市場了，回來時大包小包，這也是我期待大姨來的原因之一。那一天周桑煮了不少菜，洗菜剁肉他駕輕就熟，好像是這廚房的主人。

我在廚房跟著打轉，好像在過節。從小我就喜歡廚房的煙火氣，那些鍋碗瓢盆熱鬧的相互呼應，譜成生活中的組曲。

也因為有廚房，每秒的光陰都有溫熱與畫面。

那天，周桑像魔術師，游移在流理台和鍋爐間，兩手起落幻化，看得我眼花撩亂。不久一道道好菜就上桌了。在我看得目瞪口呆時，周桑說話了：「我給你做個滿足烘蛋！」我沒聽過什麼「滿足烘蛋」，但幾乎每天都吃菜脯蛋。

只見周桑把四個雞蛋在大碗裡打散，接著將青蔥切碎倒入油鍋爆香，然後又倒入碎肉快炒，才眨個眼的工夫，就把鍋裡半熟的肉末鏟到蛋液大碗裡了。

周桑再次快手打蛋，大碗裡的蛋液翻起一層層白浪，我正看得興頭，滋的一聲，他已將碗裡的蛋肉傾倒至油鍋中。我踮起腳尖，看到油鍋裡的蛋迅速膨脹隆高，這是種有別於台菜的外來新菜，魔術般的變化簡直讓人著迷。

周桑把火關小，「再等一會兒裡面的肉餡熟透，就可以翻面了！」周桑說著，臉上油光閃閃。他專注於烘蛋的神情細膩溫柔，好像鍋中的烘蛋也正深情的回應他熱烈的雙眸。

小說家米蘭・昆德拉說：「幸福是對重複的渴望。」我想此刻的周桑，正沉浸在他的幸福世界中。

烘蛋很快的兩面金黃，周桑把它盛放在大盤中交給我：「拿去給大姨看，說滿足烘蛋做好了！」

病榻上的大姨面容憔悴，聽我大聲嚷著：「滿足烘蛋來了！」不禁眉心舒展，露出一絲難得的笑容：「什麼滿足烘蛋？滿足是我，我是滿足！」原來大姨的名字叫滿足。

舊日愛情也有浪漫的一瞬，一個可憐的人，和一個走失的人，他們在情感的荒原上彼此邂逅。事後才知道，大姨這次來小住，是因小產虛弱。

幾年後，繼母離開我家，曾在同一屋簷下的大人、小孩，都經歷了悲歡離合的人生，那裡有邊角的流離，有混亂的徬徨，有決絕的背影，有無助的眼神。

一天，大姨又來到這個只剩我們姊妹的家，她睡到繼母的臥房，大人世界的混亂令我困惑，我忍不住問她：「大姨，你來做我們的媽媽好嗎？」大姨笑了，她說：「你得寫信去問你爸爸，我得打電話問問周桑！」

那一天，她給我們做了滿足烘蛋，做法、配料和步驟一如周桑，在廚房忙碌中，她談起了自己的故事。

令人驚訝的是，其實她不是養女，而是繼母同父異母的姊妹。原來我的感知並非無來由，從她身上我接收到一種不由分說的理解，彷佛我們都來自於同一國，都在尋找同樣一個寶貴的東西。

不久之後我們搬家，和大姨失去了聯繫，不過仍斷斷續續偶有她的消息，聽說她最終還是和周桑住在一起了，結合後的兩人日子過得並不輕鬆，沒幾年周桑就因病過世，失去盼頭的大姨，也緊跟著周桑離開了人世。

原來，有時努力爭來的相聚是為了未來的分離。多年後感悟，不覺悵然。至於那個「分離」會在何處等待，誰也不知道。

自那天起，我再也沒吃過這麼美味的烘蛋。無論周桑或大姨，他們都經歷了不大順遂的人生，但是最終都和滿足烘蛋達成了人生的某種默契。

我也因滿足烘蛋，而留下童年一段食物與人物相互激盪而出的分子料理回憶。

邂逅沙茶牛肉

奸臣舅到底是怎樣一副奸臣相？時光很遙遠，面目很模糊。

往事像一卷清明上河圖般有重重的輪廓和影像，也有「意識漂流」的迷茫。曾經的邂逅，誰給誰美麗，誰給誰回憶，都變成了一則似曾相識的生活縮影。

奸臣舅是繼母二哥的朋友，說起這個二舅，他可是台中某省中的高材生，讀到高二卻加入幫派，變成地方的小混混，聽說天不怕地不怕，頗有哪吒的反骨做派。隨著年紀增長，他已由當年的小角色，成長為叱吒一方的地頭要角。

也不知從何時開始，他把綽號叫「奸臣」的高中好友帶進我家，這就是奸臣舅的由來。

我家清一色女眷，除了我們姊妹、同父異母的幼妹，還有繼母娘家的兩個妹妹。奸臣舅一來，帶著陽光橫掃屋內的陰霾，整個家頓時充滿生氣，幾個女眷圍著他笑語不斷。也因為這樣，有段很長的時間，奸臣舅頻繁進出我家，不管二舅是否同行。

奸臣舅到底有什麼魅力？年長後終於明白，也許那是一個成熟男子揮灑而出的熱血青春，同時捕獲了一屋子的女人心，她們熱切的期待奸臣舅到來，不管已婚或未婚的，尤其是三阿姨、四阿姨。

四阿姨為此特地去學交際舞，期盼有一天奸臣舅邀她去舞會，每到晚上四阿姨便換穿顯露小蠻腰的蓬蓬裙，像個公主等待王子出現。

奸臣舅不負所望，晚餐過後就來和大家玩撲克牌，說說笑笑，這樣的情況維持了一段時間。見奸臣舅毫無動靜，三阿姨被喚回老家相親結婚去了，四阿姨也按捺不住，開始往外跑，和朋友到舞廳玩。

家裡往往就留我們姊妹三人，奸臣舅還是常上門，唯一的大人是大姊，那年她高二，只得將自己當成主人陪著奸臣舅聊天。我在餐桌旁做功課，偶爾聽到奸臣舅從客廳傳來的笑聲，既宏亮又爽朗。

週末，奸臣舅帶我們姊妹去看電影，散場後又請我們吃宵夜。自由路上的東海戲院是當時台中最先進的電影院，放映的大多是好萊塢電影，包括奧黛麗．赫本的諸多電影如「第凡內早餐」、「窈窕淑女」、「羅馬假期」等，開啟了我對洋片的喜好。

那些潛藏於影片中，有關記憶、個體、生命的意義，都來自於角色人物的坦誠自知；所有的故事既浪漫又輕快，但更多的是隱隱的傷感，看在十歲的我眼裡，胸臆間充塞著似懂非懂的飽滿情緒。

散場後已是晚間十點多了，走出戲院大門，空氣中飄散著各種宵夜的混合氣息，尤其沙茶炒牛肉的香味流竄在呼吸間。彷彿看穿我的心事，奸臣舅說：「我們吃沙茶牛肉去！」

遠遠的，沙茶牛肉的紅色招牌在微弱霓虹燈下晃動，他領我們姊妹三人到小攤坐下。「老闆！來兩份沙茶牛肉炒麵，肉加量！」

「馬上來！」就在老闆回應的同時，瓦斯爐火瞬間點燃，熊熊烈火轟轟的燒著大鐵鍋，只見老闆抄起鍋勺似的長鏟，快速從爐火旁的沙拉油罐裡舀出一大勺油入鐵鍋，瞬間火苗四竄。

就像街頭藝術表演者一樣，老闆動作純熟伶俐，一手抓起一把青蔥和洋蔥丟入鐵鍋，只聽見兩蔥在油鍋中相互較勁，啵啵聲不絕於耳，油蔥香尚未散去，老闆執鍋鏟的右手立刻往牛頭牌沙茶醬掏去，還來不及細看，香味已四溢。

接著他的鏟子伸向裝醬油的桶子，再轉個身，油麵、空心菜與小紅辣椒已華麗入鍋，最後老闆將鐵架上冰鎮的牛肉片迅速鏟入鍋裡兩翻炒，鍋與鏟發出碰撞的喀喀聲響，接著以迅雷不及掩耳的身手，兩盤色香味俱全的沙茶牛肉炒麵已擺在我眼前。

民國五、六〇年代是夜市全盛時代，尤其在普遍拮据的百姓生活中，小民美食在一只只暗影搖曳的燈泡下，建構起龐大經濟王國。這個王國裡有買醉的人、有寂寞的人、有談生意的人、有做夢的人，也有像我一樣，只是個打打牙祭的小人兒。

其實我找不出什麼理由，奸臣舅要天天到我家。有好長的一段時間，客廳的談話幾近耳語，也很少聽到那招牌似的宏亮笑聲。

那天我做完功課，跑到客廳，看到奸臣舅表情嚴肅的望著大姊，不知在跟她說什麼。大姊低著頭兩耳通紅，好像做錯事的學生在聽老師教誨。

那一天他們談到很晚，直到繼母回家，奸臣舅才離開。

後來奸臣舅再也沒來過，不久我們搬離中華路，「奸臣舅」三個字隨著時間的流逝變得虛幻而遙遠。

大姊的高中生活即將結束，看她每天好像很忙碌充實，但有時看她坐在窗台上望著遠方，那充實裡又似包裹著長長空無的寂寞。我想，我們應該都想念著同一個人。只是我的想念裡，深藏著沙茶牛肉的滋味。

幾十年的時間會讓人經歷很多事，當中有對生命的迷惘，也有面對生活的無措。

有一次，我問大姊，奸臣舅最後來的那個晚上，到底跟她談了什麼。年過七十歲的大姊，兩眼發光，好似電影「鐵達尼號」裡的老蘿絲，深陷在埋藏於海底數十年的熱烈戀情。

「那年他三十二歲，我十七歲。為了延續家族企業他不得不結婚。他說抱歉，來不及等我長大！」原來奸臣舅是工廠小開，那年全球經濟危機，工廠險些倒閉，供應鏈聯姻是家族當時唯一的選擇。

「後來我看中的男人，多少都有奸臣舅的影子吧！」大姊說。

從她深褐色的眼眸，我看到了那世界裡面的無限。

那是她年輕時最無法忘懷的回憶，而回憶往往是與想念同在的。

奸臣舅如果知道現在還有人在想念他，是一件何等幸福的事。

思念是一長串流淌的文字，時而若即若離，時而無法言說。有時更是一個洞，包藏內心所有聲音。

每聞到沙茶牛肉的香味，我就想起奸臣舅，和大姊的十七歲。

當歸苦韻

台灣冬天溼冷，尤其寒流來襲。走在冬夜的街頭，寒意從背脊悄悄竄出，無論多麼抗寒的人，此時最渴望的，應該是喝碗熱呼呼的好湯，尤其是加有中藥材的當歸肉湯。

我小學時住在台中熱鬧滾滾的中華路，中正路（現為台灣大道一段）從中切過，但並不影響左右兩頭伸展出去、坐落有序的各種小吃攤。

在回到那個很難稱為「家」的路上，沿途縷縷上升的蒸騰煙氣，讓人有世界不真實的感覺。

那時不懂什麼叫「虛無」，只覺得正在煮食的整條街一片迷濛，彷彿不在人間，卻真實感到腳底下的土地，好像得把自己依附在這團團的迷霧中才得以生存，渴求安全中，卻感到隱隱的失落和迷茫。

成年後才明白，失望和希望同時存在，與虛無融於一體，讓我對中華路難以忘懷。

住中華路的那幾年，家裡人來人往，發生的故事，大致和繼母娘家有關。

對我而言，最歡迎的人物當屬繼母的大哥。大舅是職業軍人，原本就挺拔帥氣的他，穿上軍服更是英氣逼人，年輕的他已是少校。

也許因為服役的地點就在台中附近，他週末常上我家。大舅一到，冰冷的家就有了生氣，我們三個女孩簇擁著他出門，他帶我們看電影逛夜市，五洲戲院、東平戲院、森玉戲院，雖然沒有東海戲院豪華，但散場後整條中華路的小吃攤都在我們眼下。

冬天的中華路瀰漫濃濃的當歸氣味，當歸羊肉、當歸鴨、當歸豬腳。如果閉上眼睛，專注嗅覺，恍若時光倒退，呼吸之間就穿越四百年，回到李時珍時代。大舅喜歡當歸羊肉加麵線，金黃的湯頭飄散濃醇的當歸香。

羊肉攤的鍋爐旁隆起一面約三十度斜高的鋁板，上面放著一塊約四十公分厚的大冰塊，冰塊上面層層疊疊鋪著鮮紅羊肉片。

只見羊肉攤老闆抓起一小撮羊肉，丟進煮沸的熱鍋中，不到兩秒即用漏勺撈起，倒入盛滿當歸麵線的碗裡，接著加上幾滴米酒、一撮嫩薑絲，一碗暖烘烘的當歸羊肉麵線就上桌了。筷子還未拿穩，一碟蘸醬也迅速送來。

有一陣子週末不見大舅蹤影，原來他交了女朋友，我們都替他高興，雖然很想念當歸羊肉的味道。我甚至期待大舅帶他的女友，加入我們看電影、吃當歸羊肉的行列。

大約過了一學期左右，暑假前聽說大舅要結婚了。驚訝的是，新娘不是他的女朋友。繼母說娘家父母已幫大舅找到一個適合的對象，來自農村，賢淑勤快，最重要的是身強體壯，不怕吃苦。

身為長子的大舅幾番抗爭，終究抵不過父母的堅持，想到父母拉拔兄弟姊妹七人成長的艱辛，最後選擇默默接受，放棄他的愛情。

結婚之日，新娘子是由媒婆接來的，大舅一直沒出現。繼母娘家在大甲，新房和祖宅比鄰，坐落窄弄。長長的巷弄崎嶇蜿蜒，好似新娘子未來的人生。

我跟著幾個孩子鬧新房，新娘子始終沒有笑容，緊閉著雙唇，深鎖的眉頭下，是一雙細小的眼睛，好在她有隻端正的鼻子，可是這樣的五官組合，擺在那張方形的臉上，如果不是穿著婚紗，我可能會錯判性別。

聽說大舅那天直到婚宴結束才回家，阿公氣急敗壞責罵，大舅回說：「那是你們娶的，她嫁的是你們！」

從此，大舅很少回大甲，週末他又出現在我家了。大舅的笑容愈來愈少，雖然他還是帶我們去看電影吃當歸羊肉，但是眼裡不再有笑意，取代的是抑鬱寡歡。

當時不明白成人的世界，但是多少還是能理解結婚的意義是男女相愛。而大舅媽嫁的對象竟是公婆，讓我開始同情起這無辜的女子。偶爾跟著繼母回娘家，只見大舅媽總是沉默寡言，伺候著一家老小。經不住公婆抱孫的催促，幾年後大舅媽終於懷孕生子，最高興的莫過於兩老。

大舅自覺責任已了，除了年節以外，幾乎不回家。不再有愛情的大舅，眼神愈來愈憂鬱，即便在吃他最喜歡的當歸羊肉麵線，也彷彿心事重重，那時的我自作聰明，以為他還想念著以前的女友。

後來聽說那女孩嫁人了，大舅自此不斷尋找愛情，好像世界每天都有荒謬的奇遇。他的人生從他結婚的那天起就充滿荒謬，即便在尋找愛情的非現實裡也荒謬多多。大舅用他的行動向家人展示，那一個個的愛情夢境與現實對照的殘酷人生。

如果說大舅的婚姻充滿荒謬，那麼嫁給整個家族的那名女子，人生後半段應該不是荒謬可一言以蔽之的。

我想大舅媽應該不只一次哭泣過，為自己從未消失過的孤獨。

幾年後人事全非，繼母已離開我家。那些隱祕無處安放的愛情故事，逐漸淡出生活。再有消息時，是大舅已再婚，那位一輩子得不到愛情的大舅媽已經去世多年。

村上春樹說：「追求得到之日即是終止之時，尋覓的過程亦即是失去的過程。」不知大舅最後是否尋得他的愛情，還是如村上所言，得到的那天就是永遠的失去？

對於這位未曾與之對話的大舅媽，心有戚戚焉，那是舊式家庭裡一樁被犧牲的婚姻，一段被抹殺忽略的孤獨情感。

猶記得小四暑假最後一次看見她，是在她住的廂房，我怯怯喊了她一聲「大舅媽」，她驚訝的抬起頭，眉心稍展，對我一笑，那靦腆的笑容，讓人覺得彷彿這世界有不對勁的地方。

年長後，我常想到這位獨守空閨的女人，想到她天天用數字和日期填滿等待的胸臆，想到夜晚她獨自一人盼望當歸不歸的男人時的心情。是否絕望使人清醒，苦難使人豁然？

過去的那些年，繼母娘家未曾有人提到大舅媽的抱怨。默默的，一根蠟燭就這樣燃燒殆盡。這樣的情節好似小說不可分割的部分，刻劃了深深的時代印痕。

此後，每走過當歸羊肉攤，就想起這一段當歸不歸的婚姻，彷彿看到一個舊社會的縮影。

綠川食憶

毀壞一切的是時間，拯救一切的是記憶。如今台中火車站周遭，經過四、五十年物換星移，人事全非。

當這城市的春風再度徐來，漫步綠川東街，彷彿時光倒流，看到一個十三、四歲穿著校服的女孩，從中正路那頭的第一市場出來，原本空蕩的心被食物填滿。

她剛吃過傳統攤位的「老牌香菇肉羹」，醬漬過的熟透軟嫩肉塊和香菇片入口當下，鮮美肉汁包裹香菇，兩種食物有若在口中翻炒，變化出特殊的美味，激發大腦海馬迴中的內嗅皮質網格細胞，從此認定這碗香菇肉羹世界第一。

第一市場的芳華不僅如此，還有「辛發亭」那碗綿密細緻的蜜豆冰，是學生們永難忘懷的甜蜜滋味，組成了那年代的青春物語。

這些青春樂章有若過眼雲煙，就像當年聽過的音樂，爵士、搖滾還有民歌，都隨著時間被拋在很遠的舊日裡。

那年讀曉明女中初中二年級，隨著同學到她家玩，經過長長的綠川東街，到達民族路口前的一整排水上違建人家，除了大門廳，家家戶戶的居室都騰空架在綠川上方，那時河床約現在二、三倍大。

這天下雨，借用她家的洗手間，一進門尚未如廁，就看到茅坑下滾滾而流的滔滔黑水，感覺整個人快被吸入黑褐色的溪流中，驚得立刻奪門而出。

這是綠川一段苦澀的歲月，在大量外移人口進入這個城市時，和居民同甘共苦，把自己過成了一條黑水溝。

經過台灣經濟起飛的年代，環保意識慢慢抬頭，到了民國七〇年代末，綠川終於出現新面貌，市政府開始在兩岸設亭種花，汙水整治工程慢慢在啟動，空氣中不再有臭水溝的沼氣，取而代之的是花香撲鼻，偶爾混合小籠包或牛肉麵的氣味。

那時許多學校的校車終點站，都設在綠川東街與中山路交叉口一棟日據時代舊建築前，也就是現在的「宮原眼科」。

而如今的「宮原眼科」前身，除了是過去的「自己」，中間還歷經政府遷台時期的「衛生院」、補習班，和後來的「和德紙業」，最終回到自己的原名正身。一切都是因果論證，好似歷經一場哲學思辨過程，人能改變命運，也能被命運改變。

校車和公車常停靠在「和德紙業」的招牌下。這棟有著紅磚牆、舊牌樓與木頂式騎樓的日據建築，與第一市場、綠川東街，構成了許多同輩人的基本生活日常。

這棟建築是俗稱的「三角窗」，面向中山路的樓層，是《台灣日報》營業處。學生時期常投稿《台灣日報》，得了稿費就到靠近中正路這頭的餃子館，六顆小籠包加上一碗酸辣湯，是我那年紀的奢侈。

猶記得當時店頭大鍋裡的酸辣湯，漂浮著胡蘿蔔絲、黑木耳絲、豆腐絲、肉絲、鴨血絲與蛋花。客人點餐時，年長的夥計大喊：「酸辣湯小！」「酸」字音拔高拉長，還沒喝到酸辣湯就已先兩頰生津，像聽到「酸梅」二字一樣。

等到酸辣湯上桌，那冒著熱氣、五彩繽紛、蔥花點點、胡椒浮游的好湯，立刻讓我的五臟六腑熨貼舒坦，心滿意足。酸辣湯無疑是平民美食藝術的最佳代表，色香味俱全。

所謂真實的人生，往往出乎小說想像。幾番轉折，沒想到婚後的我，竟天天進出當時為「和德紙業」所擁有的這棟日據時期建築，因此得以了解內部的格局。

綠川東街一樓的六、七間木門店面，除去一間是車庫，一間當辦公室，其餘門面緊閉。

進入內間，階梯上去二樓左邊全是一間間教室，原來早年這兒是亞聖補習班。更早年，一九四九年日本戰敗，屋主宮原武熊醫師返回日本，宮原眼科變成了台中衛生院。

走在積滿灰塵的走道，影影綽綽，彷彿老屋也在思索歸處。

二樓樓梯右轉幾步是住家，面對一樓中庭，陽光熱情的照在木格窗與走道上，是這棟建築最熱鬧的地方。就像一般的老宅，它看著屋裡人的悲歡離合與世代更迭。

幾年後出國，又幾年後帶著孩子回來看她們的這棟紅磚祖宅，幾撮野草竟從紅磚牌樓的間隙竄出，有如邊角的浪流。

反倒幾年不見的綠川，疊青帶翠，原本的河床面積縮小許多，增添了造景與綠茵坡，川流潺潺魚兒優游。河川是城市靈魂的所在，折射出城市的精神面貌。其實也喜歡緊鄰綠川的中山路，窄長的中山路屬舊城區，老商鋪老字號帶有濃濃的古意，與現代邂逅。

女兒念國小時高鐵尚未開通，常常帶著她們坐火車回台中探望爺爺奶奶。出了火車站後，從中山路步行到爺爺經營的「和德紙業」只需數分鐘，空氣中有著河川與食物混合的特殊氣息，那是一種似有若無的水氣加上小籠包的蒸氣，必須頃盡全心，才能感受這城市特有的熟悉味道。

在等待爺爺下班的空檔，兩個女兒喜歡奔跑在綠川兩岸，看看花草俯視水中魚兒。從中山路這頭的水岸望向中正路漫漫的溪流，細緻蜿蜒，彷彿承載一方土地長長的記憶。

直到現在，女兒還會想起綠川對面麵食館的酸辣湯和小籠包，食物和河川連結的特殊體驗，讓女兒到現在還偏愛酸辣湯。

如今，偶爾來到台中，我會專程來看看綠川，有時沿著河道走過以前常走的路，坐在一旁的石頭上望向遠方川流的來處，想說一些什麼，卻又什麼也說不出來。

有一年冬天，來台中開會，特意起個大早，想看看學生時代的晨間綠川。那天天氣很冷，川流水面上有一層薄霧，思緒剎那間霧中迷航，這到底是哪裡？過去還是現在？那些曾在此生活的人、上下學的人又哪裡去了？一種不存在的存在感，和存在的不存在感同時襲來。不久，太陽露出臉來，薄霧散盡，一切都澄清得近乎透明。

也許我們的一生中，都在努力尋找一樣珍貴的東西，有人知道那是什麼，有人不知道。綠川潺潺，看著人們各自帶著自己的歡樂和憂愁從它一旁走過。對一條河川而言，那珍貴的東西，或許是擁有許多人曾在此生活的共同記憶吧！

人間臘味長

冬日已過，臘味猶香。

相傳清末年間，廣東中山一個賣粥的小販將賣剩的豬肉和豬肝以鹽、糖、醬油醃漬，灌入腸衣中，風乾數天之後，有人嚐了發覺滋味不錯，臘腸聲名從此遠播。

打開冷凍庫，隨時都有一、兩節臘腸在裡面，就彷彿儲藏著年節。生活是平淡的，但滋味可以創造。其實我對臘腸並不特別青睞，但是風乾後的赤褐色臘腸，總讓我想到歲月，想到生活的皺褶，想到第一次看到近百節臘腸、在三根竹竿上浩浩蕩蕩的壯觀畫面。

初中三年念的是私立女中，每學年重新分班，三年下來認識不少同學。初二那年，我旁邊坐了一名「新同學」叫蔡慧慧。慧慧有一頭自然鬈曲的蓬鬆髮型很是顯眼，雖然她長得並不特出，但扁圓的鼻頭，讓她顯得溫和質樸。

在校三年，我一直是住校生。第一次，慧慧約我去她家玩，是在一個週六的午後，隨著她來到大全街一座日式宅院紅色大門前。應門的是一位皮膚黝黑的女性，操著外省口音，衝著我笑，嘰哩呱啦說了一長串的話，其中只有兩個字「同學」尚能聽懂，她就是蔡媽媽。

一進庭院，只見橫在眼前的三大根竹竿，每根長約三公尺，各架在兩頭交錯纏繞麻繩的竹篙上。竹竿一字橫架約一人高，依序披掛著節節相連赤褐色的臘腸，櫛比鱗次三大排，那浩大的場面像電影特效鏡頭，至今難忘。

冬日午後陽光熠熠，照在有如盤根錯節的臘腸上，油光閃閃，散發出陣陣臘味香。

那天，蔡媽媽特意做了臘味煲仔飯，從未吃過這種外省口味的米食，感覺美味極了。慧慧說她媽媽講話沒有同學聽得懂，要我別在意。飯桌上，蔡媽媽很是熱情，不斷對我說話，夾肉又布菜，我只有點頭傻笑的份。

此後，慧慧常邀我去她家過週末。她家是舊式日本建築，上了玄關就是鋪榻榻米的客廳，中間擺了座老舊的巨大沙發，好像不屬於這屋子似的霸占了客廳，慧慧的小書桌委屈的擠在沙發角落邊。家裡只有媽媽和哥哥，我從未見過慧慧的爸爸。

靠庭院大門有一株高大的玉蘭花樹，花香和臘腸味混合，交織出一種難以形容的幸福感。我內心藍圖裡的幸福之家就像慧慧的家，有個隱密而不失開闊的庭院，有座滄桑卻安穩的老屋，還有一片雖已生苔，仍可遮風避雨的黑青瓦屋頂。

最重要的，廚房每天瀰漫著飯菜香。慧慧說只要回家，聞到廚房飄散出的食物味道，即便外面世界再好玩，她都不想離開。聽了她的話，我心中既羨慕又失落。成長過程中，我的世界既無院落也無片瓦，始終只有我自己。

每次到慧慧家，我都看到那三大根竹竿上等待風乾的臘腸，好像與這座日式庭院融為一體，變成庭院的景觀之一。

後來慧慧告訴我，她媽媽每隔幾天就要灌一次臘腸供應粵菜館，以維持全家生計，我驚訝的問爸爸哪兒去了？慧慧黯然的說，她三歲那年爸爸出差後就再也沒回來，等了幾年成為失蹤人口，媽媽估計爸爸可能發生意外不在人世了。

無怪乎慧慧這麼懂事，不但成績好，也總是搶著幫媽媽分擔灌臘腸的雜務。那年我們都只有十五歲，原來人不是因為成長而成熟，而是因為成熟而成長。

升上初三，我們又分班了，慧慧被分到隔壁班，見面的時間變少了，也就少到她家去。

一天，慧慧到我班上來，神祕的說：「我家發生大事了，你週末到我家來！」我不好奇她家發生什麼大事，倒是很想念她媽媽的臘味煲仔飯。

那天一到她家，就發現一個小男孩在臘腸陣裡穿梭，鑽進鑽出，蔡媽媽坐在廚房外邊角的小板凳上，一邊灌臘腸，一邊眼看著小男孩，嘴裡還不斷嘟囔，不知在說什麼。

慧慧一旁翻譯：「媽媽叫你別跑來跑去，到一邊玩！」正納悶，慧慧面無表情的說：「這是我爸爸帶回來的禮物！」

「你……你爸爸不是死了嗎？」我瞪大了眼睛。

「我媽媽說，原來他死到別的女人懷裡！」慧慧忿憤，一副小大人的樣子。

「那……這小男孩？」面對突如其來的家變，的確是件大事。

「上週突然活過來的爸爸，帶著他的兒子回來，他把這孩子丟給我媽，人又不見了！」

那時雖少不更事，卻已感覺此事對一個女人而言，像天塌下來一樣，可能比死去丈夫還令人難過。

生活雖說是一個問題疊著一個問題，但是慧慧家的問題，似乎比披掛在竹竿上重疊交錯的臘腸還要難解。慧慧媽媽坐在陰暗角落裡，卻一臉平和如常。

「為什麼她不生氣？」我問慧慧。

慧慧答：「我媽說，如果想讓自己的人生不一樣，就要用和別人不同的方法。」這句話我一直記得。

多年後，讓我想到美國作家費茲傑羅所說：「如果想寫出與人不同的東西，就要使用與人不同的語言。」創造人生和創作書寫，或許沒有什麼不一樣，都是在尋找屬於自己的一條路。

初中畢業，我和慧慧分別考上了不同學校，就鮮少聯絡。

高三那年，我收到一封陌生男子的來信，信中簡單提到慧慧的近況，也提到蔡媽媽還在製作臘腸，只是已經換成機械操作。「家裡自從收留那個孩子後，媽媽變得更加堅強了。看著媽媽的樣子，我發誓這輩子絕不讓我愛的人流淚。」

我想，這也算是一封告白書吧？當然，我並沒有告訴慧慧，她哥哥的來信。

當時，我正迷上托爾斯泰的《安娜．卡列尼娜》，思索著「愛，到底是什麼？」「愛，到底有沒有罪？」思索著小說裡的女主角為愛衝動出軌，又因悔恨而葬送的一生。

不久，我和一個男孩約會，第一餐竟是臘味煲仔飯。我不禁想起第一次去慧慧家看到的百節臘腸壯觀景象，想起慧慧荒謬的父親與默默灌臘腸的母親。

這世界每天都在發生荒謬的事件，托爾斯泰用他的小說，向世人展示一個個夢幻的愛情與現實生活交相輝映的人生。

自此，只要經過日式宿舍外牆，總不自覺踮起腳尖，想看看那牆裡，是否也有竹竿晾晒的臘腸。

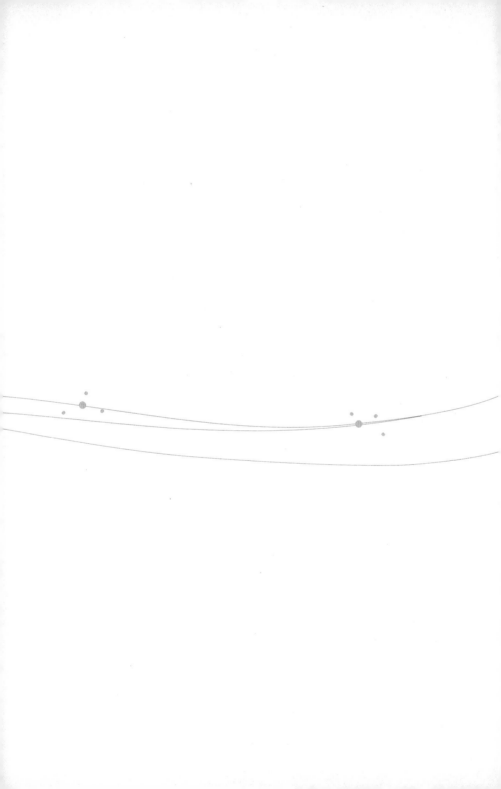

輯三

雋永食光

當有能力回頭看自己時，才發現那些回憶中的溫暖和熱呼呼的麻荓，它們都不曾逝去，始終如向晚的夕陽一直在那兒。

青春鵝肉紀事

我初中是唸教會女中，那年我們都只有十四、五歲，學校餐廳開飯前必禱告。十五歲少女心中有上帝嗎？

認真說來人生才剛開始，我們的心是一個小小的宇宙，幻想無遠弗屆，反映了外在的大宇宙。每件事對我們而言都是新奇的，世界在我們心中像一幅輪廓混亂而邊界未定的地圖，我們見所未見的東西太多了，包括我們無從想像的人和事。

都說作者喜歡尋找下一輪在自己作品中會消失的人物，但我並非這樣的作者，有些人在我心底埋藏，不忍提及，漸漸的就落滿時間的塵埃。更有甚者，是恐觸及當年心中難以負荷的青春。而這人物在我文字中尚未出現，也永不會消失，那就是小芹。

已經忘了小芹和我是如何熟悉起來的，那時她睡在我的隔壁床，我們都是住校生。在那樣的年紀，我們並不了解什麼是友誼，只知道彼此看對眼、很投緣。

經過了歲月的洗練，我相信法國作家邦納爾（Abel Bonnard）所言：「最適合做朋友的人，是相信並知道世間有少數高貴的人，少數偉大的心懷，少數可喜的性格，分散在人群中，誠摯不懈的尋找他們，並在未找到之前就喜歡他們。」

這到底是什麼樣的友誼？我有時甚至懷疑和小芹相處的那段時間是一場夢，夢的世界讓此刻的我變得清醒的同時，小芹也變得漸漸模糊而神祕。

小芹不僅和我鄰床，也和我同班，就坐在我後面。上課常傳紙條給我，說一些十五歲少女的夢話，或是畫上老師講課的表情，促狹一番。下了課，她牽著我的手一同回宿舍，如果搶先占到洗澡間，她遠遠大聲喚我的名字。這些都是小芹可愛的地方。

小芹媽媽在市場賣鵝肉，每次週日晚上回宿舍，媽媽總會給她一小盒鵝肉帶回來，她都不吝和我分享，甚至常常說看到鵝肉就怕，要我獨享。對我來說，學校的菜色就是那幾樣，看到鵝肉就垂涎。小芹知道我喜歡鵝肉，常常帶來給我打牙祭。

有一次，我跟小芹說好想吃鵝腿，小芹笑笑說，我給你帶來。果然週日收假回宿舍時，她帶了一隻鵝腿給我。咬了一口肥滋滋的鵝腿之後，我心滿意足的對小芹說：「啊！神仙鵝腿！」

她眨著靈動的眼睛說：「我偷來的！」小芹的話裡藏著十五歲少女的俠義。直到現在，我還記得她說話時的慧黠眼神。

不久，宿舍發生大事，有同學丟了錢，大家人心惶惶，深怕下個受害者是自己，也深怕自己被懷疑。大家盡量同進同出，避免單獨留在宿舍，年少的我們已本能的知曉既存的人性。傷害或被傷害，都是青春遺失的寫照，不管願意或不願意，我們假裝一切都沒發生，繼續上課下課。

後來，開始傳言有人密報小偷是小芹。聽到這消息，我震驚又害怕，驚的是小芹是我最好的朋友，怕的也是小芹是我最好的朋友。

那時還不懂捷克作家米蘭．昆德拉所說的：「我們每個人都生存在自我與現實的對立中。」暗指生命一切的本質就是希望與絕望。在那樣的年紀，我認為世界正以極端的方式，將我們的十五歲狠狠的刻錄下來。

小芹被叫去訓導處問話，整個下午她都沒有回教室上課。放學了，回到宿舍，看到她坐在床沿，神情沮喪。見到我，她好像遇到救兵，兩眼直逼迫切的問：「你不會真的也相信我偷錢吧？」

我想證明自己對她的信任，猛烈的點頭，忽覺不對，立刻又猛搖頭。她突然站起來，緊緊的抱住我，一滴淚掉在我肩上的衣領。幾天前，我們還洋溢著青春與天真，而這一刻我們卻深陷暗黑的雲霧與無助的焦灼中。

隔天，教官找我去問話，說小芹是我最好的朋友，最近是否有什麼反常行為？是否有買東西送誰或是送我？我說沒有。教官要我再想想，我回說：「一隻鵝腿，她媽媽賣鵝肉。」

「她媽媽在她小學時就過世了，你不知道嗎？」教官眉頭深鎖。

後來教官說的話讓我更驚訝無語，好像我們談的是個我完全不認識的人。十五歲的我，腦袋一片空白。

「她家住市區，有爸爸和奶奶，其實可以通勤的，你知道她為什麼住校嗎？她……喜歡你！」教官說。

我點頭，我也很喜歡她。

教官意味深長的看著我：「她的喜歡不是只有朋友的喜歡！」

我想起小芹偶爾認真看著我的表情，偶爾會伸手順順我的頭髮，偶爾捏一下我的臉頰。在我看來，那是小芹真誠對待朋友的動作，我不明白教官在說什麼。

好像有什麼事要發生，宿舍裡籠罩著一股不尋常的氣氛。沒幾天，小芹就被她爸爸接走了。一下子，她的床空蕩蕩，好像這個人不曾存在。一切都來得太突然，世界忽的就陷入層層迷霧中。

幾十年後才明白，青春易逝，友情雖好，但是在轉瞬即逝的歲月中，某些人注定會從我們的生命中離開，往昔的種種是照映青春的旅程。生命本身就是一則寓言，就像《海邊的卡夫卡》，村上春樹以一個十五歲少年的形象，寫出了許多部分的你我。而曾經是我最好的朋友小芹的身影，留給我的又是什麼？

四年後的暑假，我收到一封信：「嗨！還記得我嗎？沒有和你道再見，我就轉學了。事隔多年，我們都長大了，我現在有了男朋友。很難告訴你，當年那麼喜歡你的原因。那時常想，如果我是男生，我就可以保護你，讓你快樂。對照男朋友現在為我做的一切，我明白當年的心情是什麼了。

「還記得我轉學的事嗎？我曾向上帝禱告，喜歡一個人，為她做任何事都不哭的，但那天看你回宿舍驚慌的樣子，我哭了……」

當然，讀到此處，我的眼眶也溼潤了。什麼是友誼？道德學家會問：「假如你的朋友進了監獄，你還愛他嗎？」是的，當然還愛，就像是斯湯達爾的小說《紅與黑》裡，朱利安的朋友福國陪他上斷頭台的故事。

信的末了，小芹說轉學後她的功課一直不好，高中畢業就出來做事了，還開玩笑的說，也許有一天去賣鵝肉。

如果當年小芹對我沒有異樣的感覺，如果那時我沒有告訴她喜歡鵝肉，如果小芹沒有因為這些如果的如果而轉學……，我們是否也會共有某種不一樣的人生？

一碗浮生麻芛

「夢確實有意義，且並非如一些權威專家所說的那樣，是大腦部分活動的表現。當釋夢工作完成，我們就會知道，夢是欲求的滿足。」這是佛洛伊德對夢的解釋。

幾年前有個夢深深困擾我，我坐在一艘獨木舟裡，悠蕩在一條如深綠油墨的河流，兩旁高聳的山林也蓊鬱得密不透光。四周悄然無聲，好像置身在一幅濃烈的綠色油彩畫裡。

這到底是哪？我彷彿見過這種森綠。夢中，我翻遍記憶，才發現其實已經醒來，四周詭異的氣氛仍未消散，這個夢到底在暗示什麼？

我想到日本黑暗美學作家澀澤龍彥，在《夢的宇宙誌》裡，為我們描繪了一個光怪陸離、森羅萬象的黑暗世界。他揭示心靈的世界，「凡理性走過的地方，必然留下非理性的足跡。」

那麼，這個魔幻的綠色之夢，到底要告訴我什麼？

直到兩年前，我到台中開會，會後當地朋友帶我去一處小吃攤，說：「這是我們台中人才吃得到的美食。」小吃攤上寫著「麻芛」，老闆端來一碗濃稠深綠的東西，那稠綠忽然撞擊我的海馬迴神經元，喚醒那夜，夢的顏色。

這才聯想起小時候家住中華路，樓下店面租給一戶從南屯搬來、經營腳踏車生意的人家。接近夏天時，我常在樓上聽到樓下天井傳出「來吃麻芛！」的呼喚。

這家人是祖孫三代，第二代還有兩個未出嫁的姊妹，一家八口人甚是熱鬧。也因為八口人吃飯，常聽到這家人為誰多吃了幾口飯菜而吵架。從二樓的天井往下看，樓下人家生活起居一目了然，呈現民國五〇年代一般市井生活的橫斷面。

這家人的姊姊阿桃是精神病患，妹妹則早出晚歸在工廠打工。家務操勞都是媳婦的事，典型的早期台灣傳統家庭生活樣貌。

我每天上下學經過一樓，都看到扛起家中經濟重擔的兒子，蹲在地上修理腳踏車，那勞動的身影嵌在記憶中，給予我艱困生活的初始印象。他們家的阿公不是坐在店頭看騎樓下往來的行人，就是躺在涼蓆上；阿嬤偶爾會幫忙操勞的媳婦做做家務、帶帶孩子。

只有阿桃最清閒，加上她有病，全家人都不敢招惹她，深怕刺激到她，瘋病發作。也因為這樣，阿桃更是隨心所欲。有一次她疊高椅子，俯攀在甘蔗板隔間牆偷看兄嫂睡覺，被哥哥發現訓了一頓。

隔天她拿菜刀追著哥哥跑，那剁肉的大菜刀在阿桃手中虎虎生風，她追不過跑向對街的哥哥，索性將菜刀用力擲向哥哥的背影，剛好一輛三輪車路過，車夫看到菜刀破空飛來，嚇得跳下車躲開。原本車水馬龍的大街，因阿桃的飛刀，大家停在原處不敢妄動。

鬧劇過後，左鄰右舍紛紛建議把阿桃送到療養院，阿桃母親愁容滿面苦著臉說沒錢。阿桃因此被看管，安靜了好一陣子。

但是阿桃常不經許可，逕自登上我家樓梯，有時家人忘了門上門，她已經來到客廳。

其實阿桃還算清秀，不發病的時候和正常人沒兩樣，雙眼清澈，只是無法對焦，俗稱鬥雞眼。如何判斷她發病，通常從她的眼睛就可看出，如果雙眼滿布血絲，阿桃肯定要發作了。

有一次，阿桃來敲門，我們從二樓窗邊看到阿桃雙眼紅通通，沒敢讓她進門。她憤怒的拎起我家一樓鞋櫃裡的鞋，一隻隻往上扔向二樓的大門，發出巨大的「咚咚咚」聲響，家人擔心阿桃的飛刀再度重出，嚇得跑到天井呼叫阿桃媽媽。

阿桃媽媽在廚房喊：「阿桃！來吃麻芛！」才兩聲，方才雷霆萬鈞的「咚咚」聲戛然而止，麻芛好像有什麼魔力把阿桃吸引過去。

不一會兒，阿桃媽媽端著一大碗麻芛上樓來敲門道歉。

終於嚐到麻芛的味道了，有點苦有些甘，就像生活本身。

長大後才知道麻芛是黃麻的嫩葉，帶有苦味，那一大碗夢幻油彩般的綠，與阿桃紅通通的雙眼重疊，組成超現實的奇異色彩，留存在大腦。佛洛依德認為「人類對文化的所有創造力，其源頭並非理性，而是隱身底層的非理性潛意識世界。」這說法印證了我那夜的夢魘。

從樓上的天井，可以看到阿桃媽媽蹲在地上用竹篦容器用力搓揉麻芛，就像在搓洗衣服般，要把麻芛的苦澀搓揉掉。

人世間多愁苦，不知阿桃媽媽在用力搓揉去除麻芛的苦澀時，內心想的是什麼？而那前後擺動的熟稔搓揉動作，多年後想起，彷彿是一場無聲的生命擺渡。

才三、四年時間，阿桃一家因故搬走。

鐵門拉下的一樓，深邃幽暗，每天上下學從樓梯經過，總有走過鬼魅地域般的恐懼。天井在廚房那頭，一束光從上而下，聚焦的效應，讓四周更顯陰暗，彷彿看見發病時的阿桃站在光的隱沒處，簌簌吸著海碗裡麻芛的聲音。

沒多久我家也搬離了，再回來探望鄰居，聽到有關阿桃的消息，竟有些悲傷。阿桃像被變賣般的嫁人，陸續生下三個孩子後，丈夫就離家了，從此不知去向。在那段日子，阿桃父母相繼去世，兄嫂把阿桃送進療養院，也把三個孩子送進了育幼院。

彷彿在聽一則社會新聞，天井光束中，上下飄浮的煙塵，如一脈淡遠蒼茫的記憶，久久不散。

年紀愈大愈喜歡帶苦的時蔬，就像在咀嚼生活的滋味。

上回在市場吃麻芛時，攤位坐滿了人，有談笑的，有皺眉的，有沉默的……，吃客不一定真的喜歡麻荓，也許為了暫時放下生活，讓一碗麻荓的滋味估量生的短長。

人生存在多種形式，在生活面前，喝上一碗麻荓也是其中一種，且讓記憶和夢境交織，輕輕彈起共鳴，再粼粼水波般輕輕滑開！

陽春麵少女物語

陽春麵是市井小民的美食，對它情有獨鍾來自年少時的美麗友誼。

「陽春麵」一詞的由來，據《辭海》釋：「農曆十月為小陽春，市井隱語逐以陽春代表十。」明人所著《五雜俎．天》中云：「即天地之光，四月多寒，而十月多暖，有桃李生華者，俗謂之小陽春。」據此可見，農曆十月的別稱為小陽春，而陽春麵剛上市之時，價格正好是十分錢一碗，好事者遂將這十分錢一碗的光麵，冠以陽春麵美名，取其十分錢與農曆十月皆為十數之故。

考上曉明女中初中部的暑假，我家搬到台中師專附近的五廊街。開學不久，我就發現一名同班的女孩和我在同一站下公車，走同樣的路線回家。直到我轉進五廊街口，她繼續前行，我想知道她住何處，便望著她的背影，似乎她也有所感應，在回頭偷瞄的瞬間，消失於另一個巷口。

後來發現她的座位僅隔一排和我平行，老師點名時，我記住了她的名字「陳季華」。放學時和她同時上了公車、下了公車，有意無意加快腳步和她並肩，她轉頭給我一個微笑，像初夏第一聲清昂的蟬嗚，開啟了一道意氣相投的頻率，友誼就這樣奇妙的產生。

人們懷念年少時的友情，只因當時鑑照了彼此的純真，多年後想起，仍沉浸在某處的夏天。年少的我們沒有手機，沒有任何可以聯繫的科技產品，但是我們有心。透過彼此的眼神、透過互動的聲音，牽引著彼此的童真。

那時開始喜歡做夢，常以支離破碎的文字建構一個寂寞王國，那寂寞裡沒有頹廢滄桑，因為還不懂咀嚼，倒是孤單像針，偶爾被刺傷，在每天傍晚放學回家，面對一屋子的黑時。

那年才十二歲，不懂憂鬱，但懂得孤獨與飢餓。幾年後無意間翻閱十二歲時的日記，「怎麼辦？貓咪也和我一樣餓得喵喵叫！」才想起繼母離家、棄我們而去的那段日子。

每天下了公車，陳季華陪我走在中華路往師專的方向回家，經過幾個路口，不遠處的小吃攤白鐵鍋飄出熱騰騰的煙氣，所有的行人、腳踏車和汽車在這生活的蒸氣裡迷離起來，只有「陽春麵」這三個方字，正氣凜然高高懸掛，昭告童叟無欺、人人吃得起的招牌。

口袋裡的一塊半夠我吃碗麵，季華也陪我跟著進小店叫碗麵，她常多分我一些，說回家還得吃晚餐。但我始終沒告訴她，這就是我的晚餐。慘淡的生活久了，以為那是日常。

陽春麵老闆姓高，客人都喊他「老高」。老高看兩個小女孩常來光顧，只叫兩碗麵，有時他會送上一小碟豬耳朵或海帶。

剛上桌的陽春麵飄著兩、三葉綠色小白菜，寬麵上浮游著小撮蔥花，直到現在，我還記得青蔥與大骨湯加上麵香，三種原始食材在大碗中和合，冒著熱氣沖鼻而來的特殊氣味，絲絲裊裊，彷彿陽春麵樸實的靈魂。

中華路盡頭右轉銜接另一條馬路，是師專的側門，走到這兒，我們通常分兩路各自回家。

幾年前，特地回來尋找五廊街，那些洋房小院落已不復存在，還有和季華分手回家的路口也徹底消失了。

城市的燈火和霓虹燈依舊閃爍，我來回尋找數次徒勞無功，那座小洋房，那條有著師專圍牆的馬路，以及伸出牆外翠綠枝葉探露新蕊的鵝黃，還有上方天空透青的卵亮，與傍晚時分絢麗雲彩絲絲縷縷掛在路的盡頭，都哪裡去了？

愣在原地，我想我是和當年的那個自己失散了。喟嘆中回頭，遠處是一抹蒼茫的記憶。

時節是十月，月考完的一天，季華神色凝重的說，以後不會再來上學了，她媽媽要帶她回日本去，原來季華的媽媽是日本人。

「爸爸呢？」我問。

季華搖搖頭，爸爸不會同行。

雖然當時不明白大人的世界，但隱約知道季華家是不再完整了，就如我家，不但不完整，還眼看就要失去。

放學後，季華陪我去吃最後一次的陽春麵。吃著吃著，我們低下頭，搓揉眼睛，假裝碗裡的熱氣沖了眼。那天，回家的路走得很慢，路過師專外牆，看到路的盡頭掛著半顆橘紅的夕陽。

季華說我們要永遠記得這夕陽，它見證我們的友誼。

天邊彩繪了所有光譜的顏色，夕陽紅通通，是那種鋒利得能割傷情感的紅，是那種碰一下就能擠出許多眼淚的紅，季華說我們要用笑來道別。

說完，她開始大笑，我也跟著莫名的笑了起來，笑聲愈來愈大，有如一串長長的青春爛漫，隨風被遠遠的帶走。

那麼多年了，那笑聲仍在耳邊迴盪。

那天，我堅持站在路口，看著季華的背影轉進她家的巷子。

我知道，當夕陽落下，一切都將改變。

有段時間，我繼續去吃陽春麵，感覺不如從前好吃。老闆看我獨自一人，詢問是否和好朋友吵架？他問完我就哭了，感覺比失去家還孤單。老闆看我掉淚，立刻加了顆滷蛋在我碗裡，如果是往常會很開心，但此刻的滷蛋，卻硬生生卡在喉嚨間。

不久，我家被變賣，我搬到學校寄宿。最後一天，站在回家的小路上，我看著仍在盡頭遠處的夕陽，希望可以快快長大，主宰自己的人生，包括可以遠行去找我的朋友。在往後成長的過程中，那輪夕陽，在心中始終是個無法填補的空洞。

直到成人，有能力清晰的回頭看自己時，才發現那些年少回憶中的溫暖和熱呼呼的陽春麵，它們都不曾逝去，始終如向晚的夕陽一直在那兒。

此後，不曾再見陳季華，但是我始終記得她細長的眼睛，橢圓的臉，稚氣的鼻頭。多年過去，常想起她，過得好不好？幸福嗎？

最終我們都必須接受、融入這個現實的世界。也許偶有沉靜的哀思，或詫異的回眸，但一碗陽春麵的獨白，讓年輕的歲月多少呈現出人生旅遊風景般的一些輪廓。

大麵羹思想起

安由戲院隨著大時代隱沒了，年前台中市政府在尋找市區老戲院的記憶，喚起我對於安由戲院難以言喻的孺慕之情，以及與它相處的短暫歲月的懷念。

我找出多年前細述〈安由戲院〉的文字，重讀舊作，靈魂瞬間抽離，墜入那幢有著日據時代建築風格的黑色木造戲院光圈裡。

光影中和這座戲院相互呼應的，是瑟縮在騎樓下的大麵羹攤子，像一幅畫中不可或缺的構圖。

我彷彿回到第一次站在安由戲院前的光景，一輪橘黃的夕陽由西邊人家的屋頂上斜照過來，照映這座由層層疊疊褐黑色木板釘蓋而成的日式建築，把戲院渲染成一片金黃，木質的黑金色外觀在夕陽下熠熠發光，看起來像一條閃動著粼光的青黑大鯉魚……。一個簡陋的大麵羹攤子在戲院騎樓下的一角飄香，依稀看見麵攤鍋鼎上方，用一條麻繩斜吊著一塊小小甘蔗板，上面以鉛筆歪歪斜斜寫著「大麵羹」三個字，鍋前的長板凳上擠坐著幾名裸著上身的三輪車夫，正埋頭呼嚕呼嚕吸著淺碗中的羹麵，這是我對安由戲院的最初印象。

當時我著力在安由戲院的描繪，對於大麵羹攤子的敘述，只有寥寥數語。

隔著中華路，安由戲院對面就是我家，那時父親因政治因素走避日本，留下年輕的繼母和我們姊妹。

二十幾歲的繼母風華正盛，幾乎很少在家。學校離家不遠，中午下課回家吃飯，家中通常空無一人，更別說有飯菜，桌上往往擱著一個五角銅板，我知道那是繼母讓我去吃大麵羹的錢。

賣大麵羹的是一位瘦小的阿伯，早在我父親經營安由戲院時，他就悄然將麵攤寄身在騎樓下。看到我又來了，就說：「大麵羹不適合當正餐，恁厝大人呢？」他像生氣似的相當不悅，我知道他指的家中大人是繼母。

看我不說話，他還是盛了一碗給我，大麵羹淡黃色黏稠的羹湯散發出微微的鹼味。早期物資不充裕的年代，台中人在麵條中添加鹼，把麵條泡得膨脹發黃，加上韭菜，是當時勞力大眾充飢的點心。

吃過大麵羹，我就回學校繼續上下午的課，往往不出一個鐘頭，胃痛如絞、臉色發青、直冒冷汗。老師見狀，課上到一半，吩咐同學自習寫數學題，立刻騎腳踏車載我回家。其實不敢跟老師說家裡沒人，回到家我也只能抱著枕頭在榻榻米上翻滾。

那時年紀小，不知加了鹼的食物傷胃，不宜空腹吃。就這樣日復一日，胃痛始終是童年的惡夢，影響至成人。以致往後的日子，我常常在看胃腸科。

前陣子小學同學聚會，有人指著我說：「當年老師常常下午載你回家，老師一走，我們就很開心！」想不到我的胃痛，竟是同學們短暫的歡樂時光。

我想起大陸已故作家王小波對於命運的解嘲：「不幸的是，每個人都有自己的命運，你別無選擇，假如能夠選擇，我也不願生活在此時此地。」

在那段以大麵羹果腹的日子，常常聽到賣麵的阿伯時不時就哼上兩句：「思啊……想……啊……起……」歌聲滄桑中滲透的哀傷尾韻，在冬天的寒氣裡隨風而去。

那時不懂什麼是弱勢族群，只知道歌聲帶給我一些荒涼的寂寞，如同安由戲院已易主，依託在逝去的時光中，父親的幻影偶然乍現，勾起小小的心傷。

不久，搬離中華路，再回舊址探望，安由戲院已被拆除，變成一家大賣場，大麵羹攤子也不知去向。

長大後聽到陳達悲鳴而充滿情感的〈思想起〉，就憶起大麵羹阿伯，不知他詠嘆的是什麼？是生活中無處訴說的憂傷，或是面對大麵羹每天重複的平庸？

在台中求學那幾年，偶爾找機會再去吃大麵羹，不是因為懷念食物，而是為了那曾有的熟悉感。

有一次，幾個朋友相聚，其中一位的丈夫也參與其中。我們談起小時候在台中的經歷，談到時代的巨變，從中正路的中央書局、中華路的龍泉肉圓到安由戲院的大麵羹。言談中，曾經的哀傷，以某種形式埋藏了，就像結束的青春，或結束的任何一種回憶。想不到朋友的丈夫驚呼：「那個在安由戲院賣大麵羹的人是我爸！」

像瞬間燃起的火光，我腦海裡突然浮現，每到週日總會看到一個年齡和自己相仿的瘦小男孩，在麵攤前幫忙洗碗，臉上帶著頑強的無奈。偶爾碗沒洗乾淨被罵兩句，也只是癟著嘴角，默默擦著小攤前的木檯子。

真實的生活沒有童話，我們這一代，很多人沒有童年，不是自願早早變成大人，就是讓大人提前趕進了生活的戰場。多麼不可思議的邂逅，在幾十年後的此刻。

生命中有很多的人登場，但也有很多的人退場，人來人往，這樣的巧合，讓我想起心理學家榮格提出的「共時性」，非偶然的偶然。「沒有神祕的機緣巧合，所謂的巧合只是某種難以下定義的更高力量的作用使然，就是這種最高力量，守護我們風雨兼程的人生。」

「阿伯後來呢？」我指的是安由戲院被拆掉後。

「我爸說，在安由戲院擺攤是生意最穩定的時候，後來到處找地方總是被趕，好在我媽替人洗衣存了點錢，就在住家隔壁租了個小店面，直到我爸八十歲過世。」

眼前浮現阿伯站在攤位前，瞇著眼睛，微蹙眉頭，所有的專注力都集中在他那雙骨節粗大、端捧著麵碗的手，彷彿一碗大麵羹的靈魂經由他的手而甦醒。

幾十年過去了，從不同的賣麵人手中，不知接過多少個碗，但從沒像這雙手，讓我這樣的記著，記住我曾有過的生活，記住我和安由戲院與大麵羹共有的某段時光裡的角落。

柳川肉包

冬天起早上學，是我輩人過去的痛苦經驗。濃霧溼冷，往學校途中，猶可見路旁的小草凍霜結晶，加上陣陣寒風吹襲，直叫人打哆嗦。

走出家門沒幾步就來到柳川橋，橋上有兩戶人家，遠遠就看到「柳川肉包」白底紅字的小小招牌，橫掛在一尺見方的店門上方。

班上鄰座的小琪就住在這裡，我每天上學都會經過她家。

這種橋上違建在早期很常見，一半建築在橋上，一半懸空在外，由木架支撐，俗稱吊腳樓。

有一天路過，被小琪爸爸攔在她家店門口，要我等小琪一起去學校。只見爸爸在店門口使勁的喊：「快點！同學在外面等你！」小琪有遲到的習慣，總是賴床。直到升旗時間快到了，才看到小琪睡眼惺忪被爸爸推出來，媽媽提著書包追在後頭。

小琪爸爸有些不好意思，遞給我一顆油紙包的肉包說：「害你也快遲到了！」燙手的包子冒著蒸氣，還蕩著一股肉香味兒沖著鼻子而來，在冷得打寒顫的清晨，油熱與冷冽相交，在大腦海馬迴與內嗅皮質間，激盪出一個屬於包子之味的空間記憶。

放學循著回家的路，會再度經過柳川。窄長的柳川堤前有棵高大的樹，樹上有座小小樹屋，成群的孩子喜歡在樹下玩，我和小琪偶爾會加入其中。

有一次，我們正在玩老鷹捉小雞，一個癟陷的皮球從上方樹屋拋下，不偏不倚打在一個孩子頭上。「有鬼！有鬼！」一聲聲驚呼，大家立刻逃散。那次之後，我們都不敢再到樹屋下去玩。

這天是農曆臘八節，早在前一天，小琪就預告她爸爸會煮臘八粥，到時請我喝一碗。小琪的爸爸、媽媽都是山東人，他們只有小琪一個孩子。

這天早上寒氣逼人，濃霧中走到柳川橋，隱約可見左邊對岸的樹屋，在重重霧氣中，好像矗立在另一個空間。

濃霧在我眼前飄過，分辨不出來自哪個方向，或是從什麼地方來的，看起來樹屋好像在霧的盡頭，才一眨眼它又消失了，霧茫茫中偶有接近的人影，但也一下就不見了，隨之而來的是一股冷凝的寒顫。

我照例走到「柳川肉包」店門前等小琪，還未站穩，就聽到裡面傳來哭喊聲：「我不要去上學！不去上學！太冷了！」接著傳來小琪爸爸的怒吼：「每天都給我上演同一齣戲碼，你再不起床，我今天就打死你！」

我聽到藤條在空中揮舞的「咻咻」聲，混雜著小琪的尖叫和她媽媽的咒罵，只是聽不清小琪媽媽在罵什麼。忽然小琪衝出店門口，差點撞上我，她邊跑邊哭道：「你們不是我親生的爸媽，所以才想打死我，嗚……嗚……我去找我真正的爸媽……」

小琪跑出家門，濃霧中一下子就不見了，我愣在原地。小琪媽媽追了出來，披頭散髮，她站在霧中不知要往哪裡去，瞬間濃霧就把她的頭髮染白了。我被這突如其來的一幕嚇傻，直到一輛三輪車從身邊擦過，才想起趕快到學校。

整個上午小琪的座位空著，我無心上課，一直在想小琪還有另外的親生父母嗎？

第二節下課，小琪的爸媽來找老師，他們三人說話的聲音不大，但眼光不時飄向我，好像我把小琪藏起來似的。末了，他們把我叫喚到教室門外，要我想想小琪會上哪兒去。

我看過《苦兒流浪記》，小琪應該不會喜歡做「苦兒」，她衣食無缺，更何況家裡還有吃不完的肉包，坦白說我還真羨慕她，不管是否有親生的父母。

那天放學，路過柳川橋，小琪爸爸焦急的等在店門口，她媽媽四處找她去了。她爸爸交給我一個布袋，裡面有六個肉包。「小琪從早上就沒吃東西了，你再想想她會去哪兒？乖！拿著包子趕快找她一起吃去！」小琪爸爸和藹的說，眼中充滿著連孩子都讀得出的祈求。

那天，我竟莫名被小琪爸爸眼中的某種東西所感動，不只是祈求，還有一種我說不清楚的什麼，可能是我成長中一直缺少的某些元素吧！早晨的濃霧已退去，下午陽光燦爛，我跑到我們常捉迷藏的防空洞、公園的小壕溝，還有玩耍的祕密基地，都沒有小琪的蹤影。

我來到柳川的大樹下，一月的冷風雖有陽光照拂，風中卻飄蕩著一股無法言說的寂寞。布袋裡的六個包子，看來縱使充實也同樣擠著寂寞。「小琪，你到底在哪裡？」我心裡呼喚。突然，有根樹枝不偏不倚落在我腳上，抬頭一看，樹屋裡伸出一隻小手：「上來！我在這兒！」啊！是小琪。

我小心翼翼爬上樹屋，裡面很暗，是一個四方形的小空間，四壁的木板夾縫透進一條條光影。

「你看！我們以後多了個玩的地方了！」小琪說。

我看著四周的垃圾：「你不怕有鬼？」

小琪搖搖頭：「那是騙人的，之前有個乞丐住這，我媽說的。」

我問小琪怎知道她爸媽不是親爹娘，小琪說她偷聽到媽媽和親戚的對話，才知道自己是從柳川邊撿回來的。

「其實，我一點也不在意是不是爸媽親生的，我早上這麼說，是故意氣他們，誰叫他們要打我！」小琪說著說著，眼眶就紅了。

我立刻掏出布袋裡的肉包給她：「你爸叫我拿來給你吃的！」

也許真的餓了，小琪狼吞虎嚥，但沒吃幾口，她就哽咽了。「爸爸說他每天三點起床做包子，就是為了養活我。」

肉包還是溫的，我謹慎的咬了兩口，從未吃過這麼可口的肉包，細細觀察裡面晶瑩的肉餡，半透明的肉汁流淌在皮面上。至今猶記得那半藏的碎蔥透出馨香色澤，好比潛伏在藝術品中的靈感，不僅讓我品嚐到生活的真實樣貌，也感受到人間至深的情感力度。

生命並非親生才是至親。

那天我把小琪帶回家，小琪媽媽一邊拭淚，一邊把小琪從頭到尾檢查了一遍，好像在檢視一件珍品。

小琪爸爸一連串的說：「回來就好！回來就好！」

接著，他舀了一碗甜甜暖暖的臘八粥給我。

一場告別
一碗麵線糊

童年的住家在台中中華路，一排二樓洋房從二段往三段延伸，家家戶戶緊挨的樓房有個特點，就是門面寬度不夠，只能向後延伸，像迪化街的舊洋樓，又深又長，僅有前後採光。

我家一樓租給經營腳踏車店的人家，上二樓的樓梯設在一樓最暗的中段，好在樓下人多熱鬧，但上到二樓，迎頭照面的是一條陰暗的走道，不知為什麼，經過幾十年，每每夢中出現恐怖情節，最常見到的就是這幽深長廊，與不知藏在何處的幽靈。

這樣的夢可能與一次不可思議的場景有關，那次我獨自一人在家中客廳桌上寫作業，忽然一塊橡皮擦從唱機櫃子飛落到我的作業上，好像有人在和我開玩笑似的。

走上二樓右手邊第一個小房間，掛有我母親的遺照，少有人進出。房間雖有母親的遺照，但從不見有人祭拜她。印象中，家裡的拜拜只有一年一次的農曆七夕，桌上放著大疊金紙錢，準備燒給天上的七娘媽。

誰會燒紙錢給母親呢？我常這樣想。雖然對她印象全無，但知道另外一個世界必定也是生活、用度與運行，如同這個活人的世界。這種市井認知，從小我就知道，連天上神明都須靠世間人供應錢財，更何況是身處陰界的靈，無論是金紙、銀紙，只要是紙錢，都可以輸通神、陰兩界，讓天上的神或地下的靈也能過好日子，不知母親的日子過得如何？

班上有個同學家裡做紙錢代工，第一次到她家，就被堆放四周滿坑滿谷的紙錢給驚駭住，只見大、中、小尺寸不一的草黃色紙錢層層疊疊直到天花板高，把三面牆占滿，客廳只剩下中間一張小長桌，桌上擺了大小不一的幾個四方木頭印章、方寸大小的紅色印泥及高高疊起的錫箔。

「你要不要和我一起印鈔票，給天公伯和地下的祖先？很好玩的！」小娟說完，順手抽出張大紙錢，足足有其他紙錢兩倍大，紙錢中間貼著一層金箔，她朝金箔蓋上紅色大印，立刻出現個頭戴禮帽、身穿長袍、兩手攤開「天官賜福」字樣的神祇。

小娟說這是要燒給神明的金紙，拜拜時除了要給玉皇大帝的天公金之外，還要燒給隨駕的其他神明、天兵天將以及在地的土地公，和遊路將軍壽金與福金。這些各式各樣的金紙，讓我眼花撩亂，不同階層有不同的金紙，就像各國有不同的紙鈔錢幣一樣。

按照小娟的指示，我印出不少各式各樣的神明紙鈔，如果這是真的鈔票就好了，我可以帶著母親的照片去流浪，逃離中華路陰暗的長廊，以及廁所上方缺了一塊天花板、無時無刻不虎視眈眈的黑洞。我常幻想，那兒有隻眼睛在看著我。

印了太多金紙，小娟拿給我一張張小小的錫箔，讓我貼在紙錢上，那是給先人的銀紙錢。我想到母親，問小娟是否能給我母親燒一些紙錢？小娟媽媽聽到了，笑著說：「好啊！但總要拜點吃的，我來煮麵線糊吧！」

不久，從客廳後方的小廚房傳來陣陣香味，小娟媽媽正在大鐵鍋裡爆香紅蔥頭，光是那氣味就令人忍不住流口水，很久沒聞到這種散發著節慶歡樂、喚起往日外婆家美好記憶的味道。

兩個女孩衝向廚房，小娟媽媽正手握一把紅麵線丟入另一個煮沸的鍋中，等大鐵鍋裡的湯頭燒開了，她陸續丟入一小撮裹著地瓜粉的肉絲，接著把煮熟的紅麵線撈起，丟進大鐵鍋中，紅麵線在鍋中載沉載浮，油湯泛起層層漣漪，上下藏著爆香的紅蔥頭，藏著那個年代生活的方式，也是多數人生活的寫照，拮据而不失樂天。

起鍋前，小娟媽媽又加入半碗地瓜粉水勾芡，剎時一鍋濃稠的麵線糊就完成了。她先舀出一大碗公，加上些許香菜、香油和幾滴黑醋，「我們先祭拜你媽媽，等她吃飽了再給她燒紙錢！」

小娟媽媽把一碗麵線糊端到大門外的石桌上、他們一家人三餐圍坐的地方，她點了一炷香給我，叫我在心中跟母親說話，想了半天真不知要跟母親說什麼，最後想起祭拜她的目的，我說：「媽媽，等你吃完，我燒很多錢給你，你愛買什麼就買什麼！」我雖沒有錢，但我知道錢在任何地方都很重要。

懂事後我才了解，其實我當時最想跟她說的是我的失落和憂傷，以及無可依附的虛無感；但同時我也知道，人必須把自己安放在什麼上面，才能生存下去，譬如錢，即便在另一個世界。這一點，從大人的眼裡，我看得很清楚。

那天在燃香的過程，我和小娟偷偷嗅著麵線糊傳來的陣陣香氣。在她媽媽的帶領下，把一大疊銀紙一張張對摺再放下去燒，這樣母親才能收到一張張的紙鈔，這是對先人的誠意。小娟媽媽告誡，切莫貪快，把整疊銀紙丟入金爐裡，母親會收不到。

麵線糊在慢火中煨煮，銀紙一張張化為煙灰，這樣的場景加上兩種煙氣相融的氣味所形成的記憶，恐怕一輩子只有一次。

在無人問津的童年時光，我彷彿一撮潮溼沒有陽光照射的苔蘚，寄生在幽暗的牆角。這場儀式不僅是生命對生命的緬懷，也是自我成長的超脫儀式，感覺我為母親做了些事，母親也回饋我無限溫暖。

祭拜完後，我和小娟輕啜熱騰騰的麵線糊，香油加香菜的傳統閩南料理特殊氣味，環繞著被金紙、銀紙所充盈的另一種財庫空間，形成一幅互相映襯的民俗風景。

往後每每在吃麵線糊時，碗裡飄散出一絲絲若有似無的煙氣，瀰漫眼前，景象浮動，彷彿一幅未來主義色彩的畫面，既抽象又迷離，好像脫離現實，卻又好像回到記憶中，曾以為和母親共享麵線糊的片刻時光。

輯四

味蕾暗號

用文字表達氣味的抽象概念，闡述嗅覺引發的是追求愛與被愛，是種感官的想像。

炸排骨的嗅覺記憶，是我學習情感覺察的開始。

水雞之舞

生命中的每段生活經驗，都曾經真實的活著，可是在回憶中卻又像觀看影集般，一閃即過，只留下片段印象，什麼都不存在。

對於童年，有些記得有些忘了，當我和手足偶爾談起往事，大家各說各話，我的記憶和她們的記憶甚少一致，有時甚至懷疑，是否她們真的存在過那個時空裡。

唯有一件事我們的記憶是重疊的，那就是口袋塞滿五十元，到市場開懷採買的痛快經驗。其實這件事回想起來，前因對我而言有些唏噓，但是後來導致的結果出乎意料，在跌宕歲月中，這一天的山珍海味至今難忘。

話說在那個連國小都需要夜間補習的年代，回到家已近十點，肚子餓得冒酸水，小心翼翼向繼母要一塊半去吃碗麵，繼母充耳不聞，我愈是耐心磨等，她愈發不理會，就這樣過了幾分鐘。忽然，她憤怒的轉身抓起桌上一把銅板，用力往地上一甩，同時厲聲道：「卡緊去吃！」那年，我十歲。

那帶著怒氣飛來的銅板，彷彿子彈般掃射過來，最後鏗鏘掉了一地。多年後回想，那痛感猶在心中隱隱發作。我屈膝蹲下身，撿拾四處散落的銅板，撿拾身上某部分的碎裂。好一會兒，我才慢慢起身，假裝無事離開。這樣的假裝，大大影響我往後的人生。從此，我再也無法假裝看不見他人眼中的期盼。

隔天是週六，大我六歲的姊姊找繼母理論這件事。

那時父親每月從日本寄回一百美元，美元現鈔暗藏在摺疊的信紙裡，每月準時寄到，從無失誤。長大後回想，戒嚴時期書信必須經過繁複檢查的年代，政府不可能不知道我家每月暗藏在家書裡的美元，為何從不沒收？除了基本人道溫飽考量（當年我們和繼母曾申請到日本依親，被政府退件），是否也是默許美元外匯流入的另一管道？

那時一美元可兌換新台幣四十元，一百美元可兌換台幣四千元，加上我家一樓店面租金一千二百元，繼母每月可以收入五千二百元，當時公務人員每月薪水三到五百元，可想而知五千二百元是多麼豐厚的一筆家用。

那天姊姊和繼母兩人因我而起的戰爭，從一塊半開始，吵到五千二百元的家用。爭吵間繼母厲聲強調，若非她勤儉持家，我們姊妹早就喝西北風去。

難以想像，十六歲的姊姊竟表現出超乎尋常少女的強悍，在你來我往的唇槍舌戰中，忽然主動出擊，要繼母核算每天菜錢的花費額度。繼母先是一愣，接著不假思索，說出一個令人難以置信的數目：

「五十元！」

姊姊聽了像中獎一般，眉開眼笑的向繼母要五十元，看她明天買什麼菜回家。當時，我們每天的伙食就是芹菜豆乾、鹹魚、菜脯蛋，繼母甚少與我們同桌吃飯。

兩人的爭吵，在驚天動地、險些掀開天花板後才結束。

那天，我覺得姊姊真的變成一個大人。

當然，我對這個家來說可有可無，從小被寄養在舅婆家，六歲才返回外婆家，每個地方都好像不屬於我，就像我不屬於這個世界。

我常想我算不算是個有家的人，若不是為了吃飯睡覺，我寧可躲到某處沒有臉色的地方。但不見臉色的地方，一定也讓人惴惴不安。那代表沒有我認識的人，人家也不認識我，更是無處可安身。

在那樣的年紀，確實有很多問題困擾著我；有時只能靜靜的看著窗外飄逝的六月天，一切澄清得幾乎透明的六月天。

週日，姊姊拉著我去市場，由於口袋有滿滿的鈔票，首先我們在市場口麵攤吃擔仔麵，像大人一樣豪氣的叫了幾樣小菜，那滾燙的湯麵經過食道，連帶把平常堵在胸口的抑鬱都一起給吞下去。

姊姊的臉龐出現難得的笑容，我們對看一眼邊吃邊笑，是什麼都不用說卻什麼都心知肚明的那種笑。那笑聲一發不可遏止，帶點心機，帶點僥倖；又彷彿打了一場勝仗，藏也藏不住的興奮。

那天天氣炙熱，我和姊姊吃得滿頭大汗，一身暢快淋漓。

記憶中那個週日有兩幅畫面，在往後姊妹相互的拼貼中，輪廓愈發清晰鮮明。

第一幅畫面是裝滿各式各樣食材的菜籃，雞肉、雞蛋、豬肉、豬肝、排骨和鮮魚，平常看不到的菜色統統在這菜籃裡。像彌補長期的匱乏與企盼，一次扎實的填滿，買得盡興、花得暢快，也不管是否一天吃得完，在那冰箱尚未普及的年代。

第二幅畫面是像糖葫蘆般，被串成一串串的水雞。夏天是青蛙繁殖的季節，水田裡多的是活蹦亂跳的青蛙。賣蛙人蹲在市場入口嘶喊：「買水雞！買水雞！」黛黑色的青蛙一隻隻從下而上，疊串在細長的竹籤上，有的眼睛還在動。一旁另有尼龍袋裝的青蛙，在裡面呱呱叫個不停。

我們把那天剩下的錢全買了水雞，賣蛙人把處理乾淨的水雞交給我時，我有些怏怏，想像青蛙在水田裡清亮的叫聲，遠勝過這週日的市井喧囂。同時對於這樣放肆的採買，內心隱隱藏著絲絲不安。

回家後，讀家政學校的姊姊料理了一桌菜，那天可能是和繼母居住的幾年中最豐盛快樂的一天。原來食物可以即時填補憂傷，滿足心靈的愴然，遠勝過精神的安慰，尤其長期處於匱乏與被剝奪的環境。

那天繼母一早就出門。

姊姊把附近的同學請來吃飯，幾個女孩把廚房擠得熱鬧滾滾，像是辦桌。如果青春值得記掛，我想她們日後應該不會忘記這場盛宴。

最後一道菜是薑絲水雞湯，水雞去皮切成頭尾兩半，白玉般的水雞腿在熱氣滾滾的薑絲湯中浮游，好似翩翩起舞。一開始不忍下箸，但絲絲縷縷的薑味清香，不斷撲鼻而來，終於讓我忍不住吃了起來。水雞細緻的口感，與後來在歐洲吃到的法國牛蛙，實有天壤之別。

不知道為什麼，那天下午我特別開心，跑到附近的柳川邊，扔掉拖鞋，在泥地上邊跑邊叫，還不時回頭看看自己的腳印是否還在。

多年後，我讀到獲得諾貝爾文學獎的德國作家葛拉斯的代表作《錫鼓》裡的一段話：「媽媽正同我一樣，光著腳奔跑，她不時回頭看看，像是愛上自己的腳印，太陽謹小慎微的照射著。」

我心中一驚。

沒錯，自這事件過後，我也謹小慎微的生活著。

接住孤獨的肉圓

小學在台中中華路住了四年，中華路是一條美食街，各色小吃匯集，例如當歸羊肉、沙茶牛肉、當歸鴨、生炒花枝、台南鱔糊和鹹粥等，占滿整條街。

華燈初上時的中華路二段人聲鼎沸，夜色籠罩下的中華路是個聚攏著色香味的多寶格。

我家住二樓，無論什麼季節什麼風向，一到夜晚各種美食攤的氣味隨風不斷飄進來。太香了，我閉著眼睛，聞嗅香味來自哪些食物。

後來，看了德國作家徐四金的《香水》一書，故事主人翁葛奴乙是個出生在巴黎魚市的孤兒，沒有親情，沒有朋友，沒有任何社會關係，唯一擁有的是他異於常人的嗅覺。

作者用文字表達氣味的抽象概念，闡述嗅覺引發的是追求愛與被愛，是種感官的想像。這才恍然大悟，原來童年的我，熱中嗅聞空氣裡各種食物的氣味，其實也是一種對家的想像與渴望。

中華路除了以上所提的小吃美食外，還有坐落店面裡的「台中肉圓」、「龍泉肉圓」。兩家肉圓店從中午就開張，一直營業到午夜。

有次下午放學回家，客廳裡坐著三個神情肅穆的男人，正在盤問繼母遠避日本的父親行蹤，家人說那些人來自政府情治單位，囑咐我別亂說話。

那年代台灣正處於戒嚴時期，記憶中這三名男人時不時就出現在我家客廳，我不知大人在談些什麼。但等這些人走後，繼母通常臉色鐵青，痛罵政府、痛罵父親。

為了躲避，我提早懂事，默默背著繼母生的妹妹走出家門，來到龍泉肉圓門前，掏出僅有的一塊半零用錢，叫了一顆肉圓。

剛從油鍋撈起的肉圓表皮還滋滋作響，我先拿筷子把肉圓戳破，讓裡面的內餡散熱，筍丁肉末混合的餡料油光水滑亮瑩瑩，透出誘人的香氣，妹妹盯著肉圓看，嚥下口水。

我挑出內餡，小心翼翼舀到湯匙裡，再送進她的小嘴，她吃得津津有味，一雙黑眼珠緊盯著湯匙轉，直到內餡空了。這時，我才夾起滑溜的肉圓皮慢慢品嚐，只剩外皮的肉圓仍是Q彈美味。

多年後回想，合吃肉圓的一幕，像一幀舊照片，不久妹妹就隨著繼母離開了。

搬家後，我常在週末獨自回到中華路，遠遠看著曾經的家，想像著住在裡面的是怎麼樣的一家人？情治單位的那些人還來嗎？

有時候我會順著中華路拐進成功路的竹廣市場入口，吃一碗「燒燒麵」，那是我們姊妹喜歡去的小麵攤。塑膠棚下的麵攤冒著煙氣，桌小人多。不知為什麼我特別喜歡擠在這裡吃麵，有一種熟悉的安全感。夏天太陽火烤般的滾燙，塑膠棚下的麵攤熱氣蒸騰，冒著汗珠和麵吃的淋漓酣暢經驗，成年後再也沒有過。

人生的路無論多長，有些記憶似乎只有年少時最深刻。

吃過麵再回到中華路，來到台中肉圓。與龍泉肉圓相較之下，兩家內部陳設大不相同。龍泉肉圓店面窄長，是早期中華路店面的特色，台中肉圓店面處於中華路與中正路交叉口，俗稱的三角窗，店面寬敞明亮多了。

中正路是當年的主要幹道，無論公車或校車都會經過。讀曉明女中時，有次收到父親從日本的來信，說他很懷念台中肉圓。一天坐公車經過時，我忽然想替父親嚐嚐肉圓，於是按了車鈴下車，走到中正路和中華路口時，十四歲的我，不知怎的突然覺得自己好像老了，那些過往的中華路歲月，剎那間迅速泛黃斑駁，彷彿擱置荒廢甚久、已然蟻蛀滄桑的剪貼簿。

車來車往的瞬間，我憶起數年前和父親唯一的會面，那次父親輾轉通知繼母，說他將在某月某日去香港，途中過境台灣，但無法入境，希望在過境室可以看看孩子們。

為了這個消息全家雀躍不已，五年不見的父親不知變得如何？他還認得我嗎？

不記得是利用什麼關係，我們一家真的進入過境室，經由過境室的落地窗玻璃，我第一次看到飛機，覺得世界遠比我想像的大，那麼巨大的飛機，到底會把父親載到什麼樣的地方？

當父親的身影出現在過境室的那刻，我心跳加快，覺得他就是電影「羅馬假期」的男主角葛雷哥萊·畢克，一身筆挺的鐵灰色西裝，左上方口袋露出一角白色巾帕，還有他身上淡淡的古龍水味道，雖經幾十年，如今回想依然恍若昨日。

那天，我走入台中肉圓，一面咀嚼，一面回想和父親在過境室見面的種種細節。我吃肉圓的背影，如果是鏡頭聚焦的影像，那麼透過電影的一道白光所接住的孤獨，是否正在闡述一場若即若離的父女關係？是否也正在醞釀加劇觀眾的憂傷？這是後來我在看王家衛的電影時，才猛然閃過的念頭。

好多年後，一天和幾個朋友聊起年少時的龍泉肉圓，其中一位眼露驚訝，世上竟有如此巧事，他說當年他們一家八口就擠在龍泉肉圓樓上。每天店裡飄上來的香味，令他們兄弟姊妹垂涎。大家就輪流挖地板，不久後竟把地板挖出一個錢幣大小的洞。有一次，他弟弟受不了肉圓的香味，就趴在洞口，用一隻眼睛往下看，大喊：「走！來去吃肉圓！」

我大笑起來，朋友也笑，哈哈的笑聲像潮水打來，分不清過去與現在，耽浸在晦澀混沌的潮水，感覺是種安全。仔細想想，在時代裡每個人一路走來，誰沒有大笑的理由？不被時代的浪頭淹沒，不是特別機靈，而是生存的本能。

那天我們笑了很久，笑出了淚光，當談起台中的肉圓時。

一個食物的所在

某次到台中演講，結束後接待人員問我，要直接去搭高鐵，還是有想去的地方，我想到了竹廣市場。

接待人員一臉納悶，說台中值得觀光的景點很多，怎麼想到這市場，何況是沒聽過的。

後來上網一查，才知竹廣市場已改名為第八市場。

記憶中的竹廣市場，充滿各種食物的氣味，有時我在世界地圖中某個大城市的市集，突然聞到類似的熟悉氣味，恍惚間以為回到了竹廣市場。

無形的食物氣味，比有形的建築或圖像更能牽動內心，引發強烈的情緒。它超越了意識感知依附的記憶，無論我們與當時的環境距離多遙遠，氣味襲來的那刻，即時的衝擊，所有記憶翻騰，當下的我不復存在，掉進了與食物氣味共組的時空中。

八歲到十二歲的那段時間，我家住在早晚飄散著各種食物氣味的中華路。

白天的中華路與成功路口，是各路食物匯集的所在。中華路口轉角前的麻油老店早早開市，店門口的榨油機不斷滾動，空氣中飄散濃烈的麻油味。去市場前得經過它的騎樓，油漬的地上烏黑發亮，就像塊烏金招牌。

空氣中的麻油味，讓我想起舅媽坐月子時才能吃得理直氣壯的麻油雞。在過去物資缺乏的年代，某些食物代表的不僅是節慶習俗，還隱隱揭露某種犧牲後才有的犒賞。

右轉成功路後，是各種生鮮匯集處，有小販扁擔裡的芭樂、麻袋裡的公雞、鋁盆裡的活鯽魚，甚至還有麻繩穿成的一串串活青蛙。市井的買賣像一幅清明上河圖，熱鬧的卷軸，慢慢舒展時光的一角，呈現一段平凡的庶民生活氣息。

左前方的竹廣市場，是一片片鐵皮連接搭蓋的空間，狹窄的市場內長年蒸散著魚腥腐臭味，尤其夏天更令人作嘔。市場內的一攤魚販向父親借過錢，每次經過，魚販就塞幾塊白帶魚過來，灰白的魚身腥鹹，成為餐桌上經年不變的菜色，直到現在，看到白帶魚就怕。

市場入口有家麵攤，從早賣到晚，沒有攤商名號，我們稱它「燒燒麵」，無論早上或傍晚，它總曝晒在日頭下。麵攤上方的塑膠布像鍋蓋，罩得四周像蒸籠，煙氣蒸騰。

老闆下麵的手腳又快又急，一會兒冒著熱氣的滾燙湯麵就端到面前，帶著肉燥與芹菜的香氣。此時，身體所處的、嘴裡所吃的，都是極致的熱，彷彿處在蒸氣室裡，從頭到腳一身汗溼。

入夜，華燈初上的中華路更是熱鬧。燙魷魚、豬腳麵線、當歸羊肉、炒腰花、沙茶牛肉等，各種食物混合的氣味，把中華路撐得好像一條油滿滋肥的香腸，讓人迫不及待想嚐一口，尤其沙茶牛肉的香味更是令人難以抗拒。那時吃牛肉的人少，我家也不吃牛，但奇怪的是沙茶牛肉例外。

偶爾到了週末，繼母讓我到樓下叫一盤沙茶牛肉。等我端上樓時，桌旁的人已迫不及待。

這盤晚餐唯一的一道菜配上饅頭，讓人回味無窮。沙茶牛肉當然很快就被搶光，即便盤裡僅餘的肉汁也像珍饈。我把手裡剩下的饅頭一片片撕下，像蘸墨汁般，一點一滴把肉汁吸光，盤子便被擦拭得乾乾淨淨。

往竹廣市場的路上，有攤賣當歸鴨麵線的歐巴桑，瘦小黧黑，長年一身褐色衣褲。她賣的當歸鴨濃郁味香，每天不斷向我放送，可惜我口袋沒錢。

有一年，住鹿港的大堂姊借住我家，要去補習班準備聯考，也許太想家讀不下去，臨走的前一晚，她帶我去吃當歸鴨。那一天並肩而坐，我才發現大堂姊長得真美，一如她的名字「瑤仙」。

這是我在中華路，唯一吃過的一次當歸鴨。隔一年，這位如仙女般的堂姊就被鎮長兒子娶走了。

那時最要好的同學的媽媽在第二市場賣鵝肉。有次吃飯時間剛好到她家玩，餐桌上簡直就是鵝肉大餐。除了一大盤鵝肉，還有鵝掌、鵝肝、鵝脖子，我很羨慕同學餐餐有鵝肉吃，至今我還記得那盤鵝肉的軟嫩和鮮美。

可是同學卻對我抱怨，說每天吃鵝肉都吃膩了，她喜歡我家的芹菜炒豆干，和菜脯多於蛋的菜脯蛋。我幾乎不敢相信她說的話，相對的，我發誓長大後，絕不再吃芹菜炒豆乾、菜脯蛋。

不久，我養了一隻兔子，每天拿自己的零用錢到竹廣市場買胡蘿蔔給兔子吃。兔子很會吃也很會拉，我每天忙著買胡蘿蔔，忙著清理排泄物。母兔愈長愈大，我幻想將來會生出一堆小兔子。

一天放學回家，廚房瀰漫少有的肉香。兔籠空蕩，我問繼母兔子去哪了，她指著餐桌說：「在那上面！」我瞬間崩潰，嚎啕大哭。還記得上午離家前，兔子在籠子裡開心的跳來跳去，而此時籠子只剩沉沉的死寂，伴隨著我的淚水不斷擴散。

為兔子流下的眼淚，深深流進我心裡。

多年後我才意識到，在心中悄悄滋長的某些東西，伴隨著一封無從寄出、也不知寄給誰的信。後來，我把這封信寄給自己。

對我而言，那隻兔子是喚醒我對生命疼惜的開端。

小學六年級，我家搬離中華路。搬家的那天，我和家具一起坐在大貨車上。車子慢慢遠離中華路，我看到另一個自己，還站在那棟日式木造的樓房前。我注視著她，直到視線消失。最後一幕映入眼簾的是，她抬起頭努力眺望她熟悉的所在。

我心中升起一股未曾有過的哀傷，不是貪戀許多未曾嚐過的小吃，而是再次跟一個地方告別的痛。

車子轟隆隆的震動著，我低頭看著自己的內心，一片虛空卻又那麼沉重。

往後的好多年，我常夢見十二歲的自己，仍倚在中華路二樓陽台的欄杆上，像牆上的一幅畫。

——原刊載於《細姨街的雜貨店》（時報，二〇一八）

千情萬縷雞絲麵

在所有口味繁複、包裝新穎誘人的速食麵當中，我獨獨鍾愛鄉土味濃厚、其貌不揚的雞絲麵。在速食麵尚未普及的年代，雞絲麵獨領風騷，深入千萬家庭。

當棕黃的雞絲麵在碗中泛香時，一縷縷氤氳之中，牽引的是民國五、六〇年代的人情世事，多少記憶，多少故往，繚繞著一碗碗飄香的雞絲麵，除了珍惜隨著歲月流失的味覺記憶外，也珍惜著曾經溫熱的人與事。

中學就讀台中女校，住校期間，每於就寢前，室內瀰漫著陣陣麵香，一個個深紅的塑膠碗蓋，燜住一團團的香熱柔韌，滿足許多單純無欲的少女心靈，帶著麵香沉沉跌入黑甜的夢中。

在無數大小考的煎熬下，那一碗碗雞絲麵彷彿是一天緊張心靈的最後撫慰。少了它，必定輾轉反側、難以成眠，這種經驗眾人竟不謀而合。最後連舍監任修女也參與睡前盛宴，只是大家很好奇，不知她在面對雞絲麵時的禱告詞是什麼？

當時的死黨是隔床的幼玉，長得秀氣白皙，就像國畫裡的仕女，妙的是她也自認前世為赫赫有名的女大詞人，於是李清照的傷春悲秋也就那麼自然的朗朗上口。

課堂上她就坐在我的前座，晚自習時又是同一張書桌，於是凝眸處，我也一片冷冷、清清、悽悽、慘慘、戚戚。那時細品滿地黃花堆積，是多麼淒美，又多麼富有詩意。

上數學課的時候，代數測驗紙的背面，傳遞的滿是愁雲慘霧的文字，記載著青澀微苦的早熟，那些寫過的文字如今早已不復記得，然而記憶鮮明的，乃是彼此對於文字的推敲與爭執，從課堂上延續到就寢前一刻。

當各自捧著滾燙的雞絲麵時，也是兩人之間肅殺氣氛最濃重的時刻，一面開懷大啖湯麵，一面爭得面紅耳赤，多少冬夜就在麵香與詩香中度過了。

在那少年不識愁滋味，為賦新辭強說愁的年代，雞絲麵卻曾在我風花雪月的詩頁中，悄然加入真實的人間煙火味。這段注腳，平添成長的痕跡。

可嘆造化弄人，高中聯招後，幼玉被分到省立高工，真難想像一個風雅如清照者，竟日埋首在冰冷機械中，該是如何一番慘況？

離開女校後吃雞絲麵的機會少了，只是不知那股麵香是否依舊每晚飄蕩在舊時寢室的大樓？

小學那幾年，家裡常來一名繼母的親戚，我們喚她滿足姨。每回她來，家中的氣氛就熱鬧異常，她不僅帶來一身熱情，也帶來一桌佳餚，飯桌上不再只是菜脯蛋、炒豆乾，日子也跟著豐富有滋味。

只要她一來，我們姊妹就圍在廚房，殷勤的跟前跟後，使得向來冰冷的廚房充滿了家的味道。她果然不讓我們失望，一道道拿手好菜占據了方桌，那種幸福熱鬧的感覺，著實讓我溫馨又踏實。

除此之外，她還有一項絕活，就是炸雞絲麵。買來新鮮麵線，熱油炸酥，不知裡頭加了什麼，只記得屋裡屋外油香四溢，一團團雞絲麵就出鍋了，疊得一桌都是。

「我收在罐子裡，餓了就泡著吃吧！」

滿足姨雖然不曾在言語上噓寒問暖，但是一團團酥香的雞絲麵，飽含著沉默的關懷。

滿足姨喜歡歌仔戲，那時我家離戲院很近，她經常拉我們作陪，說：「多聽戲，你們才會長大！」當時我一直不明白她的話。

戲裡的悲歡離合使滿足姨又是掉淚又是嘆息，曲終人散，回家的路上，她通常一臉神傷，幽幽的說：「人生如戲，戲如人生！」

有一晚，劇中人含悲九泉，滿足姨回到家久久不能自已，她為我們每人泡了碗雞絲麵，然後開始述說著屬於自己人生的戲。

湯麵上縷縷裊裊的熱氣在冬夜中震顫，竟有一份藏不住的愴然，原來在人生的戲裡，人人無從選擇，並非只有我們的角色不盡如人意，還有更多的人扮演著更悲苦的角色！

滿足姨不常來我家，她不在的日子，雞絲麵確實撫慰了我不少孺慕之情。那時正值渴望母親的年齡，一團團的雞絲麵，也滿足了我對母親的幻想。

幾年後繼母離開我家，滿足姨也失去了聯絡。有一天整理櫥櫃時，赫然發現一只生鏽的鐵罐，裡面藏著一團腐碎的雞絲麵。我突然想起滿足姨，想起她滿臉油光在廚房吆喝的快樂時光。

那時我們只注意一桌的吃食，卻未曾留意當她帶著一身陽光前來時，是如何把陰晦留在門外？我們不曾過問，她從何處來？又往何處去？是否一如春天耗盡了顏色，就把蒼白獨留？彷佛一切是理所當然，我們只感受到她一身的光與熱，卻忽略了她身上擔負的炎涼！

伴著雞絲麵的無限情懷，若干年後，成家、出國。有一年回來，輾轉聽說滿足姨獨居南台灣，於是特地按址尋訪。看到我，她滿臉驚愕說：「難得你還記得我！」

其實，我只想告訴她一份心中深埋的感激，卻始終沒有說出口，只談起小時候的種種，感嘆時光飛逝與世路的崎嶇。

「還炸雞絲麵嗎，滿足姨？」

「不了，誰來吃呀？」她深深望我一眼。

六年後再次返鄉，姊姊告訴我，滿足姨走了，走得很平靜，像了卻一件該了的事。既無送別，也無儀式，火化的那個早上，只是多了一陣風從頭上吹過。

我靜靜聽著，心中湧起無限的失落。這遷流不息的世間，總該還有一絲溫柔藏在看不見的遠方。

彷彿當年，她才來我家，怎麼放學回來她就不見了？

我突然有種如幻似夢的惆悵，想對她說的話，不知如何再訴！

偶爾吃雞絲麵，就不禁憶起滿足姨在廚房時的油香熱鬧，想起曾有不切實際的小願望，希望她當我媽媽。想起她的一生，以及她說「人生如戲，戲如人生」時的幽幽面容。

——原刊載於《細姨街的雜貨店》（時報，二〇一八）

大雅晚鐘之藏

車過五權路向大雅路駛去，房子愈來愈少，雙向道的柏油路旁，一望無際的稻田，偶有一、兩幢簡陋的農舍坐落其中，和公車站牌邊不時出現的竹林相互點綴，成為這大雅平原單調的景致。唯農地春耕秋收的畫面，玉綠珀黃的渲染有如彩繪大地，給平原增添不少色彩。

從車窗外不時飄來農作傳統糞肥的惡臭，與現代化學農藥的刺鼻味混合，是一輩子難忘的嗅覺經驗。

車子奔馳在新舊時代交替的間

隙，沒人在意。大部分的乘客是學生，無論是坐或站，即便一手掛在車頂吊杆的單環上，身體隨車搖晃，另一隻手還是緊握著英文單字表，強記猛K，以便應付每天早上不斷的英文小考。

處於那個只在乎分數的年紀，窗外的一切，即便時代迅速更迭，也只是風景罷了。

老舊公車載著滿滿男女學生，大雅路愈走人煙愈稀少，經過蜿蜒漫長的跋涉，引擎發出轟隆的怒吼聲，終於到達了「衛道中學」那一站，男學生紛紛下車，帶走似有若無的曖昧氣氛，車內頓時空蕩。

我就讀的女校在大雅路上，老遠就可看到矗立在地平線的三層巍峨校舍，及醒目的「曉明女中」幾個大字。車子再度喘息，不久就抵達校門口。

那是我尚未住校時，每天上學必經的體驗。

住校後，我的生活就侷限在三棟建築中；一棟是教學大樓，另外兩棟是辦公大樓與宿舍餐廳樓。學校才成立不久，我是第四屆。

住校的日子，每天困在三棟樓間，彷彿籠中鳥，好在「想像」是可以超越空間的。

搬進宿舍校前，從父親留下的書冊中，發現一本《紅樓夢》，光是書名就讓我充滿遐思，心想能在紅樓做夢是多美的事，料想作者定是透析少年心的人。

我那時才十二歲還不認識「曹雪芹」，好奇翻開書頁，第一回就寫道：「看官！你道此書從何而起？說來雖近荒唐，細玩頗有趣味。」雖不知此書價值，但一看此書有關「趣味」，就忍不住讀下去。

愈看果然愈有趣，頗想知道書中那塊靈石的命運。似懂非懂的讀到「無材可去補蒼天，枉入紅塵若許年。此係身前身後事，倩誰記去作奇傳？」對這本書就更加好奇了。

那時上課看課外讀物會被處罰，我把《紅樓夢》一頁頁割下，每天夾帶幾頁在數學或理化課本裡，在那課外讀物罕見的年代，那些被支解下來的文字，有如現代《哈利波特》的魔法，紛紛排字調句飛天去，載我翱翔在幻想的天地。

相對每天有考不完的大考和小考，《紅樓夢》無疑是讓我喘息的亭台。學校教學嚴謹，對學生學習要求甚高，上課中常有修女或校長在走廊上巡視，同學們都不敢打瞌睡，但總有幾個游離的心靈，不安分的跨過窗櫺，越過大雅平原，遊蕩遠方。

除了國、英、數、理、史、地六科以外，還有體育課、音樂課、美術課、家事課和生理及衛生課。

學校不但對學科要求高，連術科也不放過，一學期兩科不及格還可補考，三科不及格就直接留級，同學們莫不戰戰兢兢。

從初二開始，數學和理化就是我的兩大罩門，不知是否和嗜讀《紅樓夢》有關。通勤的同學下課回家尚可去補習班，住校生只能自救。每學期我都因數、理兩科，在驚濤駭浪中闖關。

不記得是初一還是初二，生理及衛生課的最後一章是有關男女的生理構造，年輕的女老師講到這章節就停住了，輕描淡寫的說：「你們自己看，不懂的再問！」

這一章記載胚胎如何形成，附上輸卵管構造圖。書中有兩句話到現在仍印象鮮明：「精子游到卵子裡，形成胚胎。」真的是看不懂。在那個保守的年代、在那樣的年紀，同學們都無從想像，大家竊竊私語，老師維持秩序，問：「有什麼問題嗎？」

坐我旁邊的琳用手肘撞我一下，期待我發問。

我鼓起勇氣舉手：「請問老師，精子如何游到卵子裡？」這時，教室裡一片安靜，同學們聚精會神等老師解答。

只見女老師白淨的一張臉瞬間通紅，頓了一下，回答：「你長大就會知道！」

全班「喔……」的發出長長的失望嘆息，這時校園一角的餐廳正好飄來洋蔥炒蛋的香味，觸發年輕的腹肚，對食物的欲望壓過那些禁忌的好奇。

多年後，幾個老同學談起此事，莫不拍桌大笑。

宿舍樓下就是大餐廳，洋蔥炒蛋幾乎是每天固定的菜色之一，既入味又下飯。洋蔥焦脆帶鮮甜，包覆在嫩黃的炒蛋中，一口咬下，蛋香與蔥鮮融合成一股溫潤馥郁的陳香滋味。往後的日子，只要聞到洋蔥炒蛋的特殊氣味，就想起年少，想起曉明的那段歲月。

晚餐後，住校生集合在三樓的教室晚自習。夜晚的大雅平原，安靜得聽得到蟲鳴蛙叫。站在三樓的走廊，遠處的星星，夢也似的高高掛起，在漆黑的天際明滅。

暗夜中的阡陌平原，只有零星的燈火閃爍。校園每小時敲響的晚鐘聲，渾厚雄壯、遠傳數里，帶著濃濃的宗教召喚。往後，輾轉在不同的校園中，再也沒聽過如此令人心安的鐘聲。

有天，晚鐘才響過，修女匆匆來報，美國總統甘迺迪遇刺身亡。十三、四歲的我們聽了一臉茫然，不約而同望向窗外，好像那兒有某些預告在等著我們。

遠方暗黑魍魎，視線盡頭處是一片迷離與不安。

到了隔天，同學們人心惶惶，有的從父母口中得來臆測，可能要打仗了，中共會趁機來襲。這次，理化老師倒是篤定的給我們一個答案：「不會有戰爭！月考到了，只管好好用功！」

戰爭的陰影沒有退去，琳的父母為了趕辦移民，先一步到美國，琳搬進學校宿舍。她不吃洋蔥炒蛋，總是把她的份舀到我盤裡，那個月我吃的洋蔥炒蛋是這輩子之最。當時正逢家庭變故的我甚至懷疑，除了洋蔥炒蛋，世上還有什麼食物能讓我如此安心篤定的溫飽？

琳不久轉學出國，學期也結束了。那天我是最後一個離開宿舍的人，走出校門，大雅平原籠罩在一層暮色中，紅橙藍靛紫的天際劃過一道孤鴻，很快就消失在視線中。

第一聲的晚鐘響起，從背後校園傳來，聲波蕩蕩，奔向莽莽廣無邊際的平原。

那個低矮的廚房

每年清明，到彰化八卦山祭拜父親之後，繼而驅車到鹿港第一公墓祭拜母親，這樣的儀式，行之數十年。

結束祭拜，接著到訪伯父老宅。這十幾年來，伯父、伯母相繼過世，我依然如往昔，鹿港的最後行程，一定要到老宅看一看。

老宅位在街尾里的青雲路，馬路拓寬後，老宅愈發顯得破敗蕭條，每看一次就心疼一回。也不知為何非得回來瞧瞧，或許是希望發現某些曾被時間遺落的縫隙？並不是每趟都能有所發現，就像到熟悉的森林，並非每次都能捕捉到驚喜。

伯父家的宅院占地五百坪，第一次看到這宅第是十三歲那年。我們姊妹隨著搬家的發財車，進了這院落的大門，院子既深又廣，四處灌木叢包圍，院子盡頭一座蘑菇般的房子，還有一隻猴子在樹木和灌木間跳上跳下，猶如我動蕩不定的生活。

感覺心靈就像從荒蕪之地，轉進另一處更幽深的荒原。

我們姊妹從台中搬來的這個週日，女主人伯母不在家。長大後才明白，當時的惶惶，正預告未知的將來。原來大人對付世事，自有一套相應對的邏輯。

父親在信上安慰：「已匯款十萬元給伯父，做為你們姊妹的生活費用，勿憂！」但該來的忐忑還是不少。院子很大，離宅院不遠處的鹿港溪很寬，但我的心很小，總想把它藏在看不見的地方。

我在此處過了八年的寒暑假，及學期中住校時每兩週回來一趟的週末。當時大型加油站尚未普及，伯父家經營小型加油站兼農機修理廠。院子裡飄蕩刺鼻的汽油味，與不遠處鹿港溪帶來的海潮味，加上老宅後端廚房飄出的各種佳餚美味，形成記憶中複雜的嗅覺混合體，就像我對老宅難以明說的複雜情緒與情感。

老宅的廚房如閩南傳統的灶腳，蓋得很低，往昔家家戶戶皆如此，不覺異常。廚房是伯母的施展空間，尤其過年前，她會親自灌高粱香腸、炊發糕和年糕。

我看過她搬出石臼磨米漿，對一個長期在城市長大的孩子而言，既新鮮又稀奇，開啟我對米食的另一種嚮往。而最大的功臣就是那個可以炊蒸的大竹籠，以及只有過年才會搬出來的火炭灶。

伯父家人口眾多，那時的伯母是位嚴肅的婦人，不苟言笑，可能是因為每天承擔一家子吃喝拉撒的重擔，或可能還有其他原因。

每每回到伯父家，我盡可能在廚房幫忙，譬如淘米、洗菜或洗碗等。一方面視自己為這家中的一份子，一方面想與伯母親近。但直到幾年後離開老宅，伯母還是不苟言笑。

院子裡還有一棟格局相似的長形平房，租給一家小型保健飲品廠充當廠房兼住家，員工只有一名女工和老闆娘，廠房每天傳出熱鬧滾滾的台語流行歌曲。老闆說他不喝自家的保健飲品，但他樂於每天到處推銷。

幾年後，他在一場深夜歸來的酒後車禍中喪命。廠房暗啞一陣子，不久這家人就搬走了。

院子裡頓時安靜不少，好在伯父親朋多，人來人往，老宅依舊生氣蓬勃。

印象最深的是一名姓陳的伯父老友，常從台北回來，是一名落魄的歸鄉人。一回到鹿港就借住伯父家，他喝粥的呼嚕聲奇大，低矮的廚房頓時成了音效特佳的視聽室。

還有一名聲音渾厚、身材壯碩的書法家，夏天掛著一件汗衫就出現在院子裡。他一邊大喊伯父的名字，一邊嚼著檳榔進屋。這位嚼檳榔的書法家打破我對書法家既定的想像。他有時直接從廚房後門進屋，有次差點和我撞個正著。感覺他的出現，遮住了窗戶大半的光，頓時廚房顯得傾仄暗黑。

另外有一名在廟裡執事的廟公，沒事就上門對伯父抱怨家務事，叨唸整天無所事事的兒子。年少的我很納悶，他與神明如此接近，為何不直接向神明禱告、祈求幫助？

廚房吃飯的四方桌，正好當做伯父這幾個朋友的麻將桌。他們一邊吆喝一邊洗牌，從伯父朗朗的笑聲中聽得出他們的歡樂。

平常伯父總是忙碌的為來來往往的汽機車加油。早期的人工加油法，是用口對塑膠管把汽油吸出，再導入顧客的油箱。如今回想起來，真像一門特技。

伯父還有一項重要絕活，所有罷工故障的農機械，到了他手裡紛紛恢復戰鬥力，精神抖擻。

擅長書法的伯父，行草筆鋒起落舒展從容，頗有效法先祖鄭鴻猷先生之志。他的草書條幅「坐我春風」就掛在店門口，氣勢滂薄。望著主人有如黑手般的背影，「春風」或許也有不解之惑吧？

是的，人生總有很多的落差，在現實與理想中跌宕。

好在這個廚房，收納了失意、不得志與生活的種種不協調。

在嘩啦啦的牌聲中，廚房的爐火又生起了，伯母正在準備炸年糕給客人當點心。外皮金黃香酥的年糕，一口咬下軟Q彈牙，讓這幾位被生活碾壓得喘不過氣的男人，在人生另一場牌局中的廝殺，獲得短暫紓解。

廚房裡最受歡迎的佳餚要算是炸排骨了，只有過年和女兒回娘家，伯母才會大顯身手。聽說多年後年過八十歲不再下廚的伯母，只要女兒回來，定要親自進廚房炸排骨，展現一個母親最大的愛，聽了令我好生羨慕。

猶記得每到過年伯母料理這道佳餚，必先將豬小排加了五香粉、胡椒粉、醬油膏和香油醃漬兩小時，再裹以地瓜粉放入熱油中炸。小排在冒著熱油的鍋裡翻滾，逼出已入味的肉香與五香撲鼻而來。

炸排骨的嗅覺記憶，是我學習情感覺察的開始，始知原來我多麼渴望，也有一段受到珍愛的母女關係。

這廚房歷經了伯父三個女兒、兩個兒子的嫁娶，歷經了八個小孫子的彌月。廚房記錄了一家人近一甲子的悲歡歲月，連屋頂上低矮的橫梁，都記得這裡曾有過的歡樂與哀傷。

看到有笑容的伯母，是在她老年後，時間會軟化一個人的面容。

那時伯父已過世，結婚、出嫁的兒女都已離開老宅，只剩下堂弟一家陪著伯母。

院子裡靜悄悄，空無一人，老宅的牆垣龜裂，水泥有些剝落。只有神明廳依然亮著兩盞紅色的神明燈，愈發顯得宅第的陳舊破落。

堂弟一家住在後院新居，但伯母不願搬去同住，獨自一人留守前院老宅。

見到我，她露出當年我曾深深渴望的笑容，我竟無端的心虛，彷彿一直要在老宅裡尋找的東西被識破。

那東西到底是什麼？我一直在想。

是時光的腳步？還是我在老宅曾經的失落？

輯五

美食符碼

所有的美好回憶，都像藏在水晶凍的小珍珠，細細被包裹；也像我們掌心上的紋路，刻劃了那些不能忘懷的歲月。

盛夏海味

海是什麼味道？除了淡淡的鹹加上丁點的腥，還夾著溼地的土味。這種特殊地帶的氣息，從我住到海邊的古鎮後，感受就特別深。不僅如此，海風中摻雜的廟宇香火，在風中盤旋著四百多年來的時光煙塵，連空氣都充滿濃濃歷史古味。

學生時代，寒暑假都寄宿在鹿港的伯父家。伯父住在街尾里靠近鹿港溪的路上，這條路有個非常美的名字叫「青雲路」。

每年十一月開始，從台灣海峽吹

進來的風，經過海濱低地及潮埔地，經過沖積平原往古鎮狂嘯而來，如風管效應，吹得整座小鎮都在震動，故有九降風之稱。

曾經寫過一篇有關青雲路的文字：「下了車，步行到街尾的新興街，其實它更像狹窄的小巷弄，曲折蜿蜒……。風一陣緊似一陣，從遠方岔路口的青雲路吹來，吹得我屈身彎腰低眉，吹得兩旁的平房低矮，低到我的視線下。尤其夜幕來襲，那鬼哭神號般的呼呼風聲，教我毛骨悚然……」

在家家戶戶緊密門扉的小路上，燈光昏暗，杳無人跡。這時，多麼希望有個人出現，就算只是背影，也是心安。

有幾次，發現前面一名應該是和我同站下車，身穿彰中制服的男生，在強風中躬身疾行，我加快腳步緊跟在後。一個轉彎拐進沒有路燈，只有少許殘牆敗舍散落的青雲路。他愈走愈快，最後消失在一戶瓦屋裡。北風此時更加肆虐嚎哭，黑暗中我沒命的跑起來，直到看見伯父家微弱的燈光。

幾年後，我和男生進入不同的學校。暑假，我和那男生在隔壁鄰居他堂弟家碰巧認識。但我沒告訴他，有幾個夜黑風高的晚上，曾經如何緊追在他後頭。

讀英國作家艾倫．狄波頓《我談的那場戀愛》：「我們為存在賦予意義，讓時間產生原來沒有的敘事特質。……天上的神意似乎已精巧調整我們的軌道，讓我們有天可以在巴黎飛倫敦的班機上相遇。」

許多年後想起，如果我的人生也有這樣的軌道，可能就是那條兩旁淨是賣棺材或神桌木雕、深邃幽暗狂風咆哮的小路。

好在我並未將他從毫無察覺的「邂逅」，如狄波頓描述的一樣，幻化成有目的的事件，為自己的人生附加不合理的因果論。

世上任何事都可任由自己相信，就像狄波頓所言：「我們的人生與愛情若沒有上天旨意的主導，我們是會焦慮的。」

但我從不認為那條「軌道」是上天的旨意。因為最終，我們還是沒走到同一條道路。

記憶中，從未收過這男生的任何書信。他邀約的方式，總是簡單而直接，伴著陽光般的笑容出現，讓人不忍拒絕的坐上他的摩托車，一起追風奔馳而去。

海風強灌進喉嚨，帶著王功漁港特產的蝦猴與牡蠣氣味，帶著台灣海峽風馳電掣，迎頭照面而來的塵沙。

這座古鎮到處充滿海味，賣蝦猴小販環繞著天后宮、玉珍齋和菜市場；賣蚵仔捻、蝦丸湯的店家從街頭開到街尾。

有一次，看完電影出來，我們走入一家小吃店，各叫了一碗蝦丸湯和蚵仔捻。橙色的蝦丸，配上翠綠小蔥花；有如古鎮建築的精緻典雅，連小吃都精巧，還散發縷縷誘人的香氣。

「蚵仔捻」是這個古鎮特有的美味，「捻」字根據辭典的解釋，是用手指搓揉之意。讓我想起古人比喻作詩之難，「吟安一個字，捻斷數莖鬚。」

古鎮先人文采輩出，想來取名「蚵仔捻」，其意是象徵賦予此地特產蚵仔最高的期待，盼經由手「捻」的工序，變身海味的靈魂之最。

因此「蚵仔捻」是每一顆牡蠣經過地瓜粉與手指的搓揉，再一一排列置放在湯頭滾滾的大鐵鍋上邊緣，加以炙熱。當地瓜粉和蚵仔遇熱黏稠一起之後，再以鍋鏟將鐵鍋上緣已經捻過的蚵仔，輕輕推入滾燙的湯頭裡面。這樣的「蚵仔捻」被地瓜粉鎖住鮮美，入口即是飽滿的海味。

我們也曾買過蚵嗲，老闆在木柄鐵勺裡加入打了蛋液的麵粉漿，再依序放入高麗菜絲、韭菜末、肉末、蚵仔，最後再倒入麵粉漿，入油鍋炸熟。此時香熱四溢，外酥內腴。

帶著買來的蚵嗲，我們一路走到溪岸邊，坐在楊柳低垂、綠草如茵的堤岸上，一邊吃著，一邊看著溪流盡處的夕陽。年輕的歲月，猶如滿天彩霞般虹霓霞輝。

吃完蚵嗲，有時我們靜靜坐著，什麼也不說。有些話說了，怕什麼也捉不住。只管盯著潺潺而去的水流，任憑海風從鹿港溪口，一路壯烈的呼嘯而來，猶如預告即將逝去的青春。

那時的我們，不懂愛情。年輕的浪漫像一則神話與幻想，就像狄波頓從一連串巧合事件算出的機率，他與愛人的相遇「只是一場意外，只是一種五千八百四十點八二分之一的或然率」。那麼，我和這男孩的相遇，是一場意料還是意外？其或然率是多少？我曾困惑。

狄波頓反省，既然只是或然率的問題，他最大的錯誤，就是把愛別人的宿命，當成是去愛某人的宿命。而真正的宿命，是我們逃不過的愛情，而非某人。

那年夏天特別燠熱，陽光男孩常在傍晚時分騎著腳踏車，出現在伯父家門前，帶著招牌笑容。爾後，我們走過魚池，繞過鴨寮，經過福陸橋，橋下是水域寬闊的鹿港溪，其實它更像一條大河。

河上的摸蜆人家乘著竹筏，竹筏旁以鐵鉤勾住一個大鋁盆。大概摸熟了，知道何處水淺，索性跳進河裡露出一顆頭顱，形成一幅獨特的畫面。岸邊幾個洗衣的婦女不時傳來清脆的笑語聲。古鎮不僅廟宇老，連生活也彷彿沉浸在泛黃的時光裡。

雖然是黃昏，海水經過白天烈日的蒸發，熾熱的氣流不僅撲向老鎮，也衝向鹿港溪而來。帶著海藻砂石經太陽炙烤過的海腥味，帶著老鎮被時光鏽蝕過的氣味。

這樣混合的氣息，近年來常在夢中出現。夢是一種潛意識裡龐雜的情報，所賦予的關聯通常以景致、人物出現。而我的夢，竟只是一團海的氣味，停留在一個遙遠的時空。

當然，夢裡的海味，偶爾也會戲劇性的出現陽光男孩。

幾十年過去了，他沒有老去，還是那個年輕的樣子，依然穿著短褲，雙腿叉開跨坐在腳踏車上，對著我笑。雖然笑起來的眼睛依然如過去，瞇成一條縫隙，我還是從那一點的隙縫中，看見了那年夏天遺落的訊息。

水晶公寓

那時剛進入人生的一個新階段，有了自己的小家庭。就像當時所有的年輕人，我們都不富裕，甚至可以說拮据，搬進一棟陳舊公寓，已經是最好的選擇。

公寓藏在泰順街的巷弄裡，每條巷道和房子，都像復刻出來的一模一樣，稍不經意就迷路。

這間小公寓，常常是朋友假日的聚會場所。

我們都才畢業進入社會不久，民國六、七〇年之交出國留學的風潮正盛，普通家庭沒有能力供應子女出國讀書的，年輕人只能靠自己，力爭政府獎學金，如中山獎學金，或國外政府及美國各大學獎學金。小公寓成了很多朋友的資訊交換所，在當年沒有網路的年代。

小公寓在三樓，由於巷弄門牌有些複雜不易尋找，週末常聽到樓下有人焦急的呼喊名字，我常探出窗口招手說：「在這兒！」來客這才咚咚咚上樓，如釋重負般說：「終於找到了。」

年輕就是有無窮的精力，連聲音都透亮，就算圈在屋內，青春的喧嘩漫過迷宮似的巷道，晚來的人遠遠循聲，竟也能找到目的地。

當年，第一次的台大學運正醞釀，不時聽到一些風聲耳語。朋友的弟弟尚在台大念書，不時加入公寓的高談闊論，說某某在校園張貼未經校方准許的海報，學校撕了他又貼，像在演「海報游擊戰」。

來公寓的朋友大多是台大畢業，從學運談到各國獎學金的比較。有段時間，大家在留下繼續工作或出國讀書之間猶豫。最後的結論似乎是，切身的前途重於個人無法掌控的時代。是的，無論過去或現在，時代的不確定性幾乎都是一樣的。

聚會難免吃喝，口袋有幾個錢的就拎個食物或水果過來，大部分的人兩串香蕉空手而至。那時才成家的我們也阮囊羞澀，每週末的聚餐確實是項負擔。

有次到市場買肉，老闆順手給了幾塊豬皮，回家之後我便開始研究豬皮。

每樣東西都有其存在的理由和價值，豬皮也是，否則就不會出現在肉攤上。到底豬皮能否變成桌上佳餚？可能是手藝的問題，也是哲學的問題。

世上很多事物，在某個時刻，應該經歷過從無到有的階段。例如「宇宙如何產生？」這種大事件，凸顯大至人類，小至草木，對宇宙而言都有存在的價值。因為這樣的疑問，反而讓所有的存在更接近事物本質。

其實曾在某個階段，我瘋狂的想知道，人到底從何而來？挪威作家喬斯坦．賈德在《蘇菲的世界》提到，許多人對世界的既有存在，常有難以置信的感覺，就像看到魔術師從帽子裡拉出一隻兔子般。

我們都想知道魔術師到底如何辦到的？在真實世界裡，我們就是那魔術般神祕力量下被拉出的兔子，相對於參與魔術的無知小白兔，不同的是，我們知道自己是這場神祕力量的一部分，因而更想了解其中奧祕。

回到豬皮上，同樣挑起我無可救藥的好奇，它能變成佳餚嗎？當時對豬皮的想像，只是如何將它變成一道盤中飧，無關乎現在流行的「膠原蛋白」。也不知是怎樣的福至心靈，我把豬皮切塊和五花肉一起水煮，以為五花肉熟了，豬皮應該也熟爛。

事與願違，五花肉雖熟透，豬皮卻如橡皮，只好將一鍋豬皮放置電鍋繼續蒸煮。時值夏天，臨睡前把這鍋豬皮放進冰箱。

隔天正為聚會的晚餐發愁時，發現這鍋凝凍的肉湯晶瑩剔透，完美的包裹爽滑透亮的豬皮，這前所未有的發現，著實令當時不擅於烹煮的我驚訝。

當晚有位來自德國的留學生愛博，金髮圓臉，喜感極佳。一進來就說，他不能再亂吃東西了，因為肚子裡住了許多小動物，聽得人一頭霧水，原來他被傳染了蟯蟲。

本來堅持只吃自帶的麵包和起司的他，看到桌上切成果凍大小的豬皮凍，竟驚呼連連：「噢！水晶！水晶！」說著就伸手拿了一塊，自顧自的吃起來。看來理性的德國人，其實也有富於想像的時候。

我堅持不告訴愛博「水晶」的原形。

為了隱藏原形，後來甚至把豬皮細細切碎，水晶凍在燈光的照射下，裡面像藏著一顆顆小珍珠。

愛博比我們更窮，來台灣學中文的他常常繳不起房租，我們的住所漸漸變成他打牙祭之處。不久，他帶來難兄難弟鄔利，一個竹竿般高瘦的同鄉人。兩人站在一起，身材比例倒像七爺八爺。相較於愛博的風趣，鄔利顯得拘謹嚴肅。

愛博帶鄔利來的理由，竟然是為了讓他的同鄉嚐嚐真正「可以吃的水晶」，愛博這麼形容，他用剛學來的中文，怪聲怪氣的對鄔利說：「你要嚐嚐這玩意兒！」那個「兒」音，有模有樣的拉得特別長。

鄔利一臉納悶，努力的學著愛博捲起舌頭問：「這玩意兒……兒是什麼？」

我一時不明白，他要問「玩意兒」是什麼意思？還是要問這「玩意兒」是什麼東西？我看著他，他擺擺手，灰藍的眼睛頓時黯淡下來說：「中文太難！」

愛博像母雞帶小雞一樣，把他的朋友一一帶來，有陣子小公寓像德國同鄉會所。他們操著德語腔調的中文，一來就問，可以吃到「水晶」嗎？水晶公寓一時聲名大噪。

某天愛博帶來一位長髮台灣女生，五官端正卻相當矜持，聽說是愛博心儀很久的人。那天吃了小珍珠水晶後，她彷彿打開心扉，活潑多話起來。長髮女生不斷追問，水晶裡到底藏有什麼？

「曖曖內含光！」我答。

「好美的句子，曖曖內含光，像你！」愛博轉向長髮女生說。

不知是否這句「曖曖內含光」打動了這名女生。當愛博離開台灣時，她跟著愛相隨到德國。經過幾十年，他們依然手牽手到處旅遊。

前陣子，愛博透過LINE，說他很懷念當年的水晶公寓。其實，水晶公寓早在幾年前就都更變成大樓。所有美好回憶，都像藏在水晶凍的小珍珠，細細被包裹；也像我們掌心上的紋路，刻劃了那些不能忘懷的歲月。

直到現在，愛博還在問，那美味的水晶，到底是什麼？

那年 蘋果花開

來到這城市已經三個月了，攤開世界地圖，有它的位置，但也不是一眼就能找到，離台灣很遠。

每天我得花很多時間，坐地鐵到郊外的小鎮去學德文，那裡有一所較具規模的歌德學院。走出地鐵站往學校途中，有一條長長的鄉間小路，兩旁種植滿滿的蘋果樹。

時值五月，粉白色的蘋果花在枝頭搖曳，隨著春末的和風，飄散著淡淡蘋果花香。這是人生旅程中，一段獨具小小浪漫與不安的路。

這幾個月德文雖有進展，但細想口袋裡的馬克（當時的德幣）卻在迅速流失中。恐慌之餘，有天去應徵住家附近的保母，工資一小時八馬克。

雇主是一對年輕夫婦，看到我，他們直搖頭，表示若雇用我，會被勞工局開罰單，他們不能雇用童工。聽到這番話心中甚是不平，其實當時的我已年過二十五。

那天危機感和沮喪感雙雙降臨，堪稱年輕歲月之最。坐在飯桌前，無心的翻閱從台灣帶來的傅培梅食譜，一面望梅止渴一面療傷。突然靈光乍現，生出「此處不留人，自有留人處」的果決。當下腦筋與食譜連結，產生開個中菜班的豪情。

我是個有膽無藝的人，憑著一股衝勁，說做就真做了。

首先在《南德日報》刊了一則小廣告：「藝術化中國菜開班」。巧的是，當時剛好搬進一位學長留下的、慕尼黑大學所屬的對外交換教職員宿舍，宿舍頂樓有個寬敞明亮的交誼廳廚房，設備相當新穎。

借用這個廚房，我踏出教中國菜的第一步。

在電話裡約好的第一次見面，六名學員有男女老少，來自各種職業，年輕的業務小姐、中年的企管主任、家庭主婦，還有一名教授。

他們將我團團圍住，問什麼是「藝術化」的中國菜？和中國餐館的菜有什麼不一樣？此外這名教授說話了，他說他們每人每堂課學費二十五馬克，六個人是一百五十馬克，而他自己當教授的鐘點費是八十馬克，問我一堂課如此收費是否太高。

沒料到有這麼直接的問題，尤其是有關「馬克」。我不擅長與人談錢，但此刻必須直球對決，因此搜盡有限的德語，解釋中國菜裡面所隱藏的藝術成分，同時拚命強調藝術的無價，如同其他美術與雕刻，也不知那時哪來的膽量，敢滔滔不絕。

對藝術的喜好與尊重，本就是歐洲人的人文素養。

操著不甚流暢的德語，也不知他們是否聽懂。但彷彿有被打動，六個人默默相對不再說話。

沒想到會面之前的種種忐忑臆測，都未發生。

當下大家就約好時間，每週三晚上來上課。六人離開後，我掉入進展出奇順利的自我懷疑中。相較於前一個遭拒的時薪八馬克的工作，我的擔心才開始，不知每堂課一百五十馬克的收費，能否提供相對等的期待值。

那晚，我失眠了。

開始煩惱第一堂課到底要教人家什麼，在有限的德語表達能力下，實在無法像課堂上的講師滔滔不絕，怎麼辦？

在床上，我翻來覆去，如臨大考般煎熬。那個夜裡，我做了個惡夢，床頭有座堆積如山的青椒，突然崩塌壓頂而下。黑暗中驚醒，猶能感覺青椒的龐大壓力與重量。

其實那段時間，為了節約，我已吃了足足三個月的青椒炒雞雜碎。青椒一袋九十九分尼（不到一馬克），雞雜碎更是便宜。

像被蘋果砸中的牛頓，被青椒壓頂的我，當下也萌生了個主意。

隔天，到超市買了六把小菜刀、六個砧板當教學工具。置身超市才理解當地食材的有限性。放眼超市的蔬菜區除了生菜，只有青椒、紅椒、黃椒、包心菜以及各式火腿、起司和滿架子的罐頭。無怪乎德國菜一如架上粗獷的德國麵包，扎實而平庸。

超市角落的牛肉專櫃，標價奇高，忍痛開例買了塊牛肉，中菜班的第一堂課想好了，就是「沙茶牛肉」。還好從台灣帶來的一瓶沙茶醬一直捨不得開，如今正好派上用場。在一無所有的時候，利用有限的資源，是生活慢慢教會我的。拋開青椒的夢魇，我連帶把黃椒、紅椒也一起放入購物籃。

中菜注重的色香味首要是顏色，想像開班的第一堂課，盤子裡呈現豐富的多采，就使我興奮不已。這盤彩椒沙茶牛肉絕對獨一無二，也是中菜館菜單所沒有的。

愈想愈興奮，第二晚又失眠了。

幾天後，終於來到第一堂課，學員拿到小菜刀和砧板的時候面面相覷。等聽完說明，參與動手做是本班的基本權益，大家躍躍欲試，一副迫不及待的樣子。我一邊發給每人一小塊牛肉、一根青蔥、一塊薑及大小不一的青、黃、紅椒，一邊開始教大家把各種食材切片、切段、切成細絲。

這六位年紀都比我大的學員，在我的帶動下一邊驚嘆，說這輩子從未練過這麼細緻的切工。此時我立刻抓緊機會表示，這就是中菜的藝術性所在，所有細膩的處理過程，到最後都會回饋給舌尖，品嚐到真正的美味。

其實讓大家全心參與手工切菜，還藏著我的小小私心，怕學員過分關注我的德語。

當所有食材都切成細絲，分裝在大、中、小盤時，有青、黃、紅椒絲、牛肉絲和蔥薑絲，視覺上繽紛熱鬧。

最後的重頭戲來了，大家圍在爐台前觀看食材下鍋的順序。

首先將油鍋燒熱，爆香蔥薑絲，接著倒入牛肉快炒八分熟，即鏟出放置一旁，再將所有三色椒倒入鍋內，利用餘溫迅速翻炒。此時的廚房香氣四溢，大家七嘴八舌讚嘆，其實法寶還沒出籠呢！

當大夥兒還在議論紛紛時，我把已炒好的牛肉絲倒入鍋內與三色椒混合，同時舀入一大匙沙茶醬。就在沙茶醬的油脂在鍋內迅速燃起火焰時，關了爐火。剎那間，沙茶的香氣鋪天蓋地。

如果說這個中菜班能夠持續不斷，靠的就是第一堂課沙茶的特殊味覺，確認了我與學員彼此一年的課堂關係。

就像德國小說《香水》一書的提示，味道是親密關係的連結，這是人存在的基本要素。

原來中菜有密碼如沙茶醬，學員在了解後，紛紛打聽如何買到，我也算為慕尼黑唯一的中國雜貨店盡了點力。

那天，每人分得一份沙茶牛肉拌飯，一邊吃一邊盛讚，是這輩子吃到最美味的中菜。大家樂於現學現賣的精神，紛紛表示週末將宴請親友，獻上他們的中菜處女作。

那天夜裡，我終於睡了個好覺。

第二天，我繼續轉換地鐵，到五十公里外的郊區上課。五月底的蘋果花依然燦爛，果農告訴我，六月蘋果花將陸續結果，秋天是蘋果大豐收的季節。

看著一路凌亂的花影，就像我私闖入的飲食文化邊境，而這個故事將繼續，還沒有完。

山丘教室的中菜班

第一次教中菜的那一年，我住在一片高低起伏的小山丘上。說是山丘有點誇張，其實就是起伏的地形造成的視覺落差，讓人有小丘陵的聯想。

秋天，布滿丘陵的七葉樹落下一地果實，和許多來自亞熱帶的人一樣，我以為是栗子，納悶為何居民對一地栗子視若無睹。好奇撿起剝開果肉嚐了一口，苦澀難吃，才發現這並非一般栗子，而是俗稱的馬栗。

早期歐洲人拿其葉子來餵馬，據說可治療馬的咳嗽。與栗子外型不一樣的是馬栗光滑滾圓，散發秋天的溫潤與綺思。此時，參差散落於七葉樹間的火紅楓葉，彷彿也正燃燒著一簇簇的激情流火。

這是我對慕尼黑第一個秋天的印象。

當然，站在丘陵地仰望秋天的慕尼黑星空，銀河的潮汐澎湃，樹影搖曳；草地上晃動的細碎月光，灑在灰黑、行動緩慢的刺蝟上。這種天地相互輝映的組曲，與巴哈的〈賦格曲〉真是異曲同工。

第一堂彩椒沙茶牛肉課還沒結束，學員就開始討論第二堂課要做什麼菜。學員來上課，有的開車，有的坐公車。無論開車或坐公車，都需越過一小段斜坡，才能到達上課所在的廚房。他們讚美中菜教室的大環境十分優美，好像來到一處小公園。

我借用宿舍四樓的交誼廳廚房當做烹飪教室，那兒有個很大的中島，是工作台也是餐桌，約可坐十幾人。料理台上有三座可同時開火的電熱爐台，底下還有個大烤箱，可說設備完善，一應俱全。

彼時的慕尼黑有幾家中菜館，來自香港或台灣，那時的中國大陸尚未對外開放。大多數中菜館為迎合西方人口味，賣的是咕咾肉、春捲、螞蟻上樹、餛飩、鳳梨炒飯，要吃北京烤鴨得事先預訂。

學員可能都是中菜館常客，知道中餐廳的昂貴，例如一碗三顆餛飩的湯，要價八馬克。當時學生餐廳一份午餐是二・五馬克，還附送一小瓶優格，更便宜的餐是一・八馬克。

因此第二堂上課，學員指定想學的菜色是餛飩。說實在，還真不知如何擀出餛飩皮，只好想辦法在當地找出可轉換的食材。

一天，來到平價超市 ALDI，這裡當然沒有餛飩皮。緊盯著各類專櫃，逛到蛋糕材料區，眼前一亮，發現一疊透明包裝的圓形蛋糕底層麵皮，輕薄如餛飩皮，喜出望外，匆匆結帳。

回到家，先把輕薄的蛋糕底層，切成如餛飩皮般的四方大小，包進已調好配料的豬肉餡，再五指輕輕一掐，一顆如假包換的餛飩完成了。欣喜若狂之餘，告訴自己別得意，「食緊挵破碗」，這碗我得好好端著！

學員來上課前，我早燉好一鍋大骨湯備用。

大家對這堂課相當期待。我首先示範把蔥、薑切碎加入絞肉裡，再撒下胡椒粉與鹽拌勻，學員一邊做，一邊筆記，還問這些配料各需幾克？這可讓我傻眼。從小，看長輩們做菜，大家各憑感覺，我也照著感覺走，從來沒想過做菜還需科學的度量衡。

見我面露難色，主婦學員自告奮勇從旁協助，告訴大家約略的克數而解圍。其實德國人並非外表給人的一板一眼印象，一旦與他們相處熟了，也常發現他們有暖心的一面。

有如玩黏土，每人看到自己手掌上的豬肉餡與餛飩皮，在五指拿捏下一一成形的餛飩，莫不紛紛驚嘆：「哦！老天！」不敢相信自己竟然完成中菜館一顆賣價二．五馬克以上的餛飩。

餛飩下鍋煮熟後，我讓大家用中型湯碗裝大骨湯，每人分得十顆餛飩，再撒下蔥花與胡椒粉，頓時整個廚房瀰漫著高湯與青蔥混合的鮮香味。

課堂結束，學員要求第三週學春捲。

對我而言，這是高難度的挑戰，第一個難題是哪來的春捲皮？只好硬著頭皮打電話，向慕尼黑最資深的中菜館老闆求救。老闆聽到我的需求，直呼我膽子真大，說春捲皮有時連師傅都做不好。經過再三哀求，老闆終於說出祕訣和做法。

上課前的那個下午，我在自家廚房一連試做了幾個小時，按照老闆的交代，牢記高筋麵粉與水的比例，最重要的是平底鍋的熱度不宜過高。同時得注意，倒入平底鍋後多餘的麵粉水得快速再倒出，避免春捲皮過厚。

就這樣一次次試驗，卻一次次失敗。當年既無不沾鍋，亦無網路教學。如此這般折騰的春捲皮，下場都像一張張破碎的網，真是令人沮喪極了。

眼看上課時間到來，硬著頭皮上陣。假裝氣定神閒，先教學員做蛋皮切絲和絞肉粉絲，同時汆燙豆芽備用。光是以上備料，就把學員忙得昏頭轉向。

乘機再解說中菜準備工夫之繁瑣，堪以藝術視之，方能享受藝術級的口腹饗宴。學員們莫不點頭贊同，經過三週中國飲食文化的洗禮，想來他們更希望進一步了解中菜的奧祕。

等備料做好，重頭戲來了，開始製作春捲皮。我說只示範一次，其餘寶貴時間留給大家試做，學員躍躍欲試。揮別下午試做失敗的陰影，我向上蒼祈求，賜予最後一次的完勝。也許老天聽到我慎微的呼求，鍋底的麵皮慢慢捲起了毛邊，我用手輕輕的把它往上撕，竟是張完美無缺的春捲皮。

「WOO……！」讚美的聲音此起彼落。說真的，此時比在學校考第一名還高興！有那麼瞬間，我想可以改行去當廚師。接下來不用說也知道，學員做的春捲皮簡直像破布。也因此把我的功力傳說又往上提升了一階。

經過神話般的春捲課，學員的期待和野心更大了，他們想學「北京烤鴨」。我壓住心跳的聲音，故做鎮定。

學員說他們是認真的，中菜館的北京烤鴨實在太貴了。靈機一動，我說北京烤鴨需要吊在特製的高圓桶烤爐裡（其實我只在台北街頭遠遠看過一次），才做得出來。但我可以教他們，用現成的德國烤箱，料理台灣烤鴨。

如此提議獲得贊同，第四週的台灣烤鴨課程，進行得無比順利。我先買了一隻冷凍鴨解凍，有過之前不知要先解凍就直接去烤，結果出爐的鴨子外焦內生的可怕經驗之後，這次我一早讓鴨子解凍，再裡外塗抹醬油、麻油、薑末和蜂蜜醃漬兩小時，結果烤出來的鴨子色香味十足。

那一天，整棟大樓都在問香味哪裡來。

學員們週末宴請親友、現學現賣的每道菜，給了他們很大的成就感。就這樣，中菜班持續了一整年，直到我搬離這個宿舍。最後一堂課，學員們依依不捨，說不知往後哪裡可以繼續學。

某天，我收到一封中國大陸大使館寄來的邀請函，要我去主持一個「中國菜料理班」，這可把我嚇了一跳。眼前立刻浮現出香港電影裡的大廚，頭綁白巾，揮舞著粗壯的胳臂，一手提鍋、一手翻炒的威武架式。光這一幕就足以打敗我一年來累積的信心。我客氣的回覆，說功課太忙，能力有限。

事後才知道，是學員聯名給大使館的推薦。回想起來，很感謝我的六名學員，從不懷疑我的廚藝。其實那時年輕的我，出國前只會簡單的炒青菜、煎魚和水煮五花肉。他們的信任讓我廚藝上教學相長，也儲存了一筆可觀的生活費和學費。

搬家的時候正值夏天，山坡綠草茵茵的隙縫間，莓子悄悄開出淡紅的花蕊。回望高處的山丘教室，彷彿依稀人影綽約，燈火明燦，氤氳飄香。

很多年過去，在朋友的好奇追問下，常談起這段回憶。

這個「藝術化中菜班」的故事不會消逝，消逝的是時間。

夢覺之味

小時候，外婆家廚房的爐灶上長年有一鍋滷肉，不曾間斷。

記憶中每到吃飯，外婆給我添的飯裡，一定有一大塊滷肉。滷肉講究的是部位，外婆堅持用後腿肉，當然早期都是黑毛豬。

滷得熟透的後腿肉軟Q，一口咬下肉絲分明、晶瑩油亮。往往一塊肉吃完，碗裡米飯一粒也不剩。

那鍋滷肉一直微火慢煨，從早到晚。外婆家裡始終肉香瀰漫，猶如廚房的靈魂。

外婆過世後，我輾轉經歷了不同的環境，才知道不是每家廚房都有滷肉，尤其在物資匱乏的年代。我更懷念，那日復一日的滷肉味道；那深入嗅覺皮質，一層層堆疊，如時光沉澱的味道。

狄波頓說我們的一生，看見自己的聰明，也看見自己的愚笨；看見自己的機鋒，也看見自己的乏味。當我無法看清自己的價值時，就想到那個終日有滷肉的廚房，從那緩緩流動的肉香迴路，尋到莫名的依靠，尋到舊式家庭隱藏的古老強大力量，攀藤蔓生於廚房。

成家生子後，廚房是我白天逗留時間最多的場地。夜裡，我的時間都給了夢。每晚我做不同的夢，甚至一晚好幾個夢。

波蘭諾貝爾文學獎作家奧爾嘉・朵卡萩在小說裡創造的人物，每天把別人的夢像珠子一樣用繩子串起來，做出獨一無二的項鍊。我無法模仿小說家去閱讀別人的夢，只好牢記自己做過的那些夢。

夢做多了，現實和夢境有時分不清，好在外婆滷肉的味道，時不時遊走於夢與醒的交界，混沌時絲絲入扣的氣味，讓我瞬間清醒。懷念豬肉與醬油燜燒後，碰撞出的醇厚之味，是種亙久傳統的味道，是台灣人最愛的味道，沒有之一。

有一回和豬肉攤老闆聊天，說出對古老味道的懷想，他熱心推薦「不見天」部位，俗稱肽胸肉，也就是豬前腿近里肌處，一塊帶皮富筋膜的肉，一頭豬就此兩斤。

帶著實驗的期待，帶著對外婆滷肉的記憶，額外加入切好的幾塊豬皮，洗淨肉塊放入陶鍋內，加醬油先過色，再依序放入數瓣蒜片、兩根大蔥、一根辣椒，加水淹過肉，簡單無過多的調味，隨即大火燒開，再慢火煨燉。

很多人滷肉加糖，近台南人口味，其實糖的甜味壓過鮮味，反而吃不出黑毛豬原始的美味。

不出十數分鐘，屋內開始飄蕩著熟悉得令人想流淚的味道。不由得讓我想起年輕時一個異國寒夜，踏著一腳高、一腳低的深雪回家途中，冷冽的空氣裡，突然傳來一股熟悉的味噌湯之味。我四處張望，發現每扇透著燈光的窗戶，不知怎的忽然都變得無比溫暖親切起來。

原來聞到老味道，一如碰到老故人。

那鍋肽胸肉慢火燉煮約一個半小時，滷色勻透油亮澤光，夾起一塊淺嚐一口，筋肉彈牙軟嫩適中，竟比記憶中外婆的滷肉味鮮郁厚。

帶著實驗成功的興奮，連忙宴請表姊妹們來品嚐，大家紛紛說，嚐到阿嬤的味道了。一鍋滷肉瞬間穿越時空，回到幾十年前外婆的爐灶上，彷彿那鍋滷肉仍在歲月中慢火煨燉。

有了這樣的經驗，滷肉就此成為家常菜。往後，女兒的朋友、同學聚在一起常說：「懷念你媽媽的滷肉。」想不到，我的滷肉竟變成他人記憶中的一道風景。

人多的時候，兩斤肽胸肉似嫌不夠，就多加兩斤梅花肉。當然，兩種肉不能同時下鍋，第一輪肽胸肉先煮五十分鐘，再入梅花肉同鍋，兩肉混合相互襯鮮。梅花肉一入鍋，即飽沁肽胸肉精華，有如武功祕笈加持，四十五分鐘後脫胎換骨，醇腴之味更勝肽胸肉。

要注意的是，第二輪滷肉時，得要再倒入屏科大醬油與水各一大勺，這樣滷出的肉才不至於死鹹。

吃完滷肉往往留下一鍋滷汁，懷著對食物的感恩，這鍋精華是其他料理的聖品，例如炒米粉。

傳統的炒米粉，必備紅蔥頭、青蔥、蝦米、香菇絲、肉絲、胡蘿蔔絲、高麗菜絲或韭菜。熱鍋油爆紅蔥頭，是揭開炒米粉祕訣的序幕，接著依序將上述配料一一倒入翻炒，再加一小勺醬油，逼出香味與醬色後注入清水。這時，半鍋食材在鍋裡咕嚕冒香，即可倒入已泡好的米粉，轉小火燜至米粉收乾湯汁，兩手分持長筷不斷上下翻炒，再加以味精添增鮮味，即大功告成。

以上是傳統炒米粉，工序周到的做法。

但是女兒對味精過敏，為了讓家人吃得更安心，炒米粉前必先備一鍋雞骨高湯代替清水，而那一包包冷凍分裝的滷肉汁，正好派上用場替代味精。如此，炒出的米粉吸足高湯、滷肉汁及各類食材精華，油亮鮮香，要不好吃也難。

有位科技界老饕朋友吃了我的炒米粉後，不吝讚美，謂曰「台北最好吃的炒米粉」，玩笑的鼓吹合開只做滷肉與炒米粉的私房餐館。

對此恭維實不敢居，但能確定的是，這位吃遍中、日、法、義各國美食的朋友，最後情有獨鍾的，還是這塊土地上的老味道。

長年不在家的兩個孩子，回家前必先電話預約菜單，滷肉和炒米粉是第一選項，兩道缺一不可。照她們的說法，那是媽媽的味道。讓我想起一段往事，在她們小時候的一次出差，兩個小傢伙隔著電話，搶著泣訴想念媽媽，正抱著媽媽的衣服，聞著媽媽的味道。

味道真的是想念的源頭，一個人失去味道的記憶，等於失去某一部分的過去。

味道是讓我們回憶過去的媒介，古今中外多少作家，用他們對味道的獨特記憶，摺疊時光，還原過去的親切與多情，甚至比現實中的生活還真實。

普魯斯特在清宵細長，半夢似醒間，想到兒時在鄉間所吃到的，浸泡過熱茶的瑪德蓮蛋糕，所勾起的回憶，讓他追回似水流逝的時間。在某種意義上，普魯斯特重回過去，到達我們一般人所無法挽回的時間彼岸。

每次過年，兩個孩子都會不辭辛苦，舟車勞頓飛越千里回來。像候鳥總在一定的時節遷徙。不同的候鳥，都各自藏著一套精準的導航系統。不知孩子們體內的導航系統是什麼？

是家庭與生俱來的古老力量？

還是餐桌上滷肉與炒米粉的古早味道？

消失的客廳

福樓坐落在慕尼黑大學前的烏溫街上，鬧中取靜，掩藏在一片梧桐樹之後，屬於教會所有，稱得上深宅大院，聽說是第二次世界大戰傷兵的臨時居所。

推開灰色的鐵門，小路盡頭是一棟鐘樓造型的古舊三樓樓房。時值十月深秋，梧桐葉落盡，枯枝張牙舞爪的伸向天空，遠看彷彿鑲嵌在高聳的鐘樓上。黃昏、古宅、老枝，構成了希區考克影片中懸疑跌宕的氣氛。

這是福樓給我的初次印象。

偶爾會遇到這兒的主人，一頭銀髮高大微胖的賈神父，他的中文說得極其流利，文革期間曾在中國大陸待過，親眼目睹華人的苦難，對華人有一份無法言喻的感情。

因此這兒除了二樓住了個長期失業的東德人以外，一至三樓十個房間盡為華人學生的天下。

賈神父對中國大陸來的研究人員多了一份關懷，不但在房租上盡量便宜，日常生活中更給予諸多方便與照顧。

為了擺脫慕尼黑昂貴的房租，我收拾起來自希區考克電影的恐懼，甩開對歐洲大陸老屋的種種恐怖聯想，搬進福樓，把生活根植在這不到十二坪的小小閣樓裡。

那時最貴重的家具要算是張木頭圓桌了，寒冬桌上的燭火輝映著窗外的積雪，夢一般的醉紅，灑落在年輕的臉上。

在這兒認識了幾位來自中國大陸、在職進修的年長朋友。燭光的躍動中，感時憂國的愁緒展布在他們的眉宇間，我們各自述說著自己的家鄉事。

福樓底層有個大廚房，每到用餐時間，香味四溢、熱鬧非凡，通常由個人廚藝工夫，多少可窺其身分背景，凡來自中國大陸的男士，烹煮炒炸樣樣精通，顯見經過一番生活的磨練；相形之下，台灣來的男士就略見笨拙了。

這一年秋天，福樓活動特別多，我們先後邀請來德國參訪的多位學者蒞臨福樓，假福樓的會議室，開了一場場小型的法學研討會，與會者現今都已是法學界知名人士。那時，福樓會議室被稱為慕尼黑客廳，一個凡是來慕尼黑都必到取暖的地方。

第一次見到馬師母蕭亞麟教授，是在一場為馬漢寶教授舉辦的研討會上。那天我在客廳旁的廚房，正忙於照料爐上的滷豬腳、雞翅和滷蛋，忽聽一位德國女士在廚房外與神父交談，頗感意外，私揣當天應該都是台灣留學生，沒有德國人參加，怎麼會有德國女士？

納悶轉頭卻發現，在門外說話的不是德國人，而是一位道地的華人，操著一口標準德語。神父對我招手介紹，她就是「Frau Ma」，原來是馬師母。算起來那一年馬師母年紀在五十二歲上下，如果我母親還在，也不過稍長馬師母幾歲。

我對馬師母如何可以說這麼一口純正德語感到相當好奇。

當晚，挺個大肚子奔走在廚房與會議室間，一會兒端茶，一會兒送菜，一旁還要照顧一歲多的大女兒。馬師母頻頻問我是否需要幫忙。豈能勞動師母，與會的同學紛紛加入幫忙的行列。

那天桌上陸續擺上大盤滷味，豬腳、雞腿、雞翅、滷蛋、香菇、木耳，還有螞蟻上樹、金針排骨湯……

總之，從台北帶來的乾糧存貨，能變的全成了桌上佳餚。

當晚福樓會議室，有如滿漢全席，派頭十足的傲睨慕尼黑。

那天餐會結束，馬師母把我拉到一旁，給了我一個盛大的讚嘆：

「想不到德國豬腳被你滷得這麼好吃！」

其實，沒有什麼訣竅，如果硬要說出其中的緣由，也許是藏在血液裡的某種本能，或與飲食文化有關的某個基因吧！

就這樣，開啟了馬師母與我一段數十年的因緣。

回台後，延續了當年慕尼黑客廳的熱鬧，也常常請朋友到家裡小聚，首先想到的是馬教授和馬師母。

有一次特地從市場買了自認珍品的海參回來料理，馬師母吃一口立即吐出，問是否沒取出沙腸？當下愣住，不好告訴馬師母海參貴，從未買來煮過。

還好，那天她也吃了滷豬腳，感喟的說：「跟在慕尼黑客廳吃到的一樣，可惜那個客廳不在了！」是的，在我們同時期的一批人回台後不久，福樓就被拆除改建，慕尼黑客廳也消失了。

後來的幾年太忙了，庸庸碌碌，沒太多時間與馬師母聯繫，但偶爾還是能請到兩位老人家敘舊。

二〇一〇年，馬師母個人故事《銀娜的旅程》出版成書，我被封面上那個七歲女孩吸引。女孩坐姿優雅，雙眼堅定的凝視著遠方。

如同書中所述，一九三七年，七歲的銀娜離開上海到青島參加女童夏令營，父親送她上火車，她以為夏令營結束後，可以立刻回到父親身邊，渾然不知那是她此生與父親的訣別。

當時戰爭爆發，為了銀娜的安危，父親立刻將她委託給堂姊帶往德國，開啟了銀娜未知的旅程。

而父親萬萬沒想到的是，把銀娜送去的地方，恰恰是幾年後歐洲的主戰場。

離別對一個七歲的孩子來說，無疑是殘酷的，懂事的銀娜強忍著心中的惶懼，登上大船，面對茫茫大海。

看到這一頁，讀者應該都想好好擁抱那個小小的銀娜。

《銀娜的旅程》內容著重在一個中國女孩如何在寄養家庭與寄養媽媽相依為命，在二戰時的德國生活與求學。期間歷經艱困的納粹時代，再一路輾轉來到瑞士。

其中的身分認同是雙重困擾，當異鄉變成家鄉，家鄉再變成遙遠的異鄉，那麼「我到底是誰？」這不僅是銀娜的自我詰問，也是生在這個大時代裡頻頻遷徙的個人的自我疑問。

書中只寫到銀娜尋親來到台灣就結束了。銀娜如何在這陌生的小島落地生根，如何把異鄉變成她的家鄉，可能是讀者更想要知道的精采故事。

當然，我問過馬師母。她坦言笑道，剛到台灣的時候一句中文都不會說，七歲前的母語變成陌生的語言。後來經由親戚介紹認識馬教授，留美歸來的馬教授，一口流利的英文讓她心安不少，至少有人可以對話。

馬師母婚後學習與老人家溝通，一開始甚至必須比手畫腳。光是客廳裡的文化，東西方就有顯著的不同，更不用說食衣住行，甚至育嬰的觀念與教養問題。

馬師母再次發揮當年小銀娜在德國面對文化差異的耐力與毅力一一克服。在他們六十五年的婚姻中，馬師母用她的智慧，創造了一個中西合璧的幸福家庭。

二〇二二年是不平靜的一年，全球疫情持續擴散，病毒株種不斷變異。年中接獲九十二歲的馬師母過世的消息，心中無比沉痛。回憶馬師母的一生，有若時代的縮影。她歷經第二次世界大戰納粹時代，也歷經人類科技文明神速發展的時代；她歷經這個島嶼的胼手胝足，也歷經它的經濟起飛與興衰。

借用狄更斯的名句，馬師母的時代「是光明的時代，也是黑暗的時代；是最好的時代，也是最壞的時代。」

對於馬師母的離開，病中的馬教授似乎有所感應。才過半年，歲末年終，九十六歲的馬教授也跟著馬師母回到天上的家。

透過視訊送別馬師母的那一天，我想起第一次見到馬師母時的種種。她站在福樓會議室門外，夕陽的餘暉，穿透走道長廊五彩的菱形格窗，灑在她的臉上和身上。身穿藍色呢外套的馬師母，在金黃的夕照下，顯得格外的靜美柔和。

幾年來，每每憶起慕尼黑客廳，就想起馬師母，以及馬師母驚訝的表情：「想不到德國豬腳被你滷得這麼好吃！」

華文創作 BLC114

往日食光

作者 — 鄭如晴

副社長兼總編輯 — 吳佩穎
人文館資深總監 — 楊郁慧
責任編輯 — 許景理
美術設計 — 謝佳穎（特約）
內頁排版 — 陳聖真（特約）
內頁照片 — Shutterstock

國家圖書館出版品預行編目（CIP）資料

往日食光 / 鄭如晴著. -- 第一版. – 台北市 : 遠見天下文化出版股份有限公司, 2024.05
面 ;　公分. -- （華文創作 ; BLC114）
ISBN 978-626-355-743-7（平裝）

1.CST: 飲食　2.CST: 文集

427.07　113005306

出版者 — 遠見天下文化出版股份有限公司
創辦人 — 高希均、王力行
遠見・天下文化 事業群榮譽董事長 — 高希均
遠見・天下文化 事業群董事長 — 王力行
天下文化社長 — 王力行
天下文化總經理 — 鄧瑋羚
國際事務開發部兼版權中心總監 — 潘欣
法律顧問 — 理律法律事務所陳長文律師
著作權顧問 — 魏啟翔律師
社址 — 臺北市 104 松江路 93 巷 1 號
讀者服務專線 — 02-2662-0012｜傳真 — 02-2662-0007；02-2662-0009
電子郵件信箱 — cwpc@cwgv.com.tw
直接郵撥帳號 — 1326703-6 號　遠見天下文化出版股份有限公司

製版廠 — 中原造像股份有限公司
印刷廠 — 中原造像股份有限公司
裝訂廠 — 中原造像股份有限公司
登記證 — 局版台業字第 2517 號
總經銷 — 大和書報圖書股份有限公司｜電話 — 02-8990-2588
出版日期 — 2024 年 5 月 31 日第一版第一次印行
2024 年 9 月 12 日第一版第三次印行

定價 — NT 400 元
ISBN — 978-626-355-743-7
EISBN — 9786263557369（PDF）；9786263557376（EPUB）
書號 — BLC 114
天下文化官網 — bookzone.cwgv.com.tw

天下文化

BELIEVE IN READING